Thomas Kusserow

Der Mathe-Dschungelführer

Analysis

Extremwertaufgaben

Thomas Kusserow
Der Mathe-Dschungelführer
Analysis: Extremwertaufgaben

1. Auflage 09/2008

Idee, Gestaltung und Text: Thomas Kusserow

Internet: www.mathe-dschungelfuehrer.de
Email: info@der-abi-coach.de

Druck & Verlagsservice:
www.1-2-Buch.de – Buchprojekte kostengünstig realisieren
27432 Ebersdorf

Ein Titeldatensatz für diese Publikation ist bei der
Deutschen Nationalbibliothek erhältlich.

Das Buch dient als wertvolle Unterstützung für Schüler, die die relativ hohen Kosten des persönlichen Nachhilfeunterrichtes scheuen. Es kann weder den Unterricht, noch die regelmäßige Teilnahme an den Hausaufgaben oder die persönliche Unterstützung durch einen kompetenten Nachhilfelehrer ersetzen. Nutze es wie eine gute Ergänzung, und es wird eine gute Ergänzung sein!

Dieses Buch wurde mit großer Sorgfalt und auf Basis gängiger Lehrmaterialien erstellt. Dennoch kann nicht ausgeschlossen werden, dass sich Fehler oder formale Abweichungen zu deinem Lehrmaterial finden. Es kann daher keine Haftung für die Vollständigkeit und Richtigkeit der Inhalte übernommen werden.

Sollten in diesem Buch wider Erwarten die Marken-, Patent-, Namens- oder ähnliche Lizenzrechte Dritter verletzt worden sein, so bittet der Autor um sofortige direkte Kontaktaufnahme. Bei berechtigten Beschwerden sichert der Autor sofortige Behebung des verletzenden Tatbestandes zu. Daher ist es nicht erforderlich, einen kostenpflichtigen Anwalt einzuschalten.

Aus Gründen der Übersichtlichkeit wird jeweils nur die männliche Form eines Wortes genannt. Mit „Schülern“ sind selbstverständlich auch die Schülerinnen gemeint. In Anlehnung an den Nachhilfeunterricht für die Zielgruppe der 16- bis 20-Jährigen, die meistens mit „Du“ statt mit „Sie“ angesprochen werden möchten, verwendet dieses Buch die 2. Person Singular.

Der Autor ist für jeden Verbesserungshinweis dankbar. Fragen, Lob und Kritik können auf www.mathe-dschungelfuehrer.de übermittelt werden. Dort findet sich auch das aktuelle Verlagsprogramm.

ISBN 978-3-940445-28-5

Inhalt

Vorwort

Spätestens wenn es im Matheunterricht an die Extremwertaufgaben geht, merken die Schüler, dass sie im Stoff der Oberstufe angekommen sind. Denn diese Aufgaben lassen sich, anders als fast alles aus den Jahren zuvor, selbst von begabten Schülern nicht ohne eine gewisse Systematik lösen. Wer so talentiert in Mathe ist, dass er bisher schon immer die Lösung wusste, wenn der Lehrer noch den Ansatz mit den anderen besprochen hat, der sollte sein Verhalten jetzt ändern.

Natürlich ist ein mathematisches Abstraktionsvermögen bei diesen auch als Minimum-Maximum-Aufgaben bezeichneten Fragestellungen hilfreich. Aus meiner Erfahrung als Nachhilfelehrer kann ich dir aber versichern: Noch viel wichtiger ist es, dass du die einzelnen Schritte sauber durcharbeitest, die regelmäßig zur Lösung führen. Es gibt keinen einzigen Geistesblitz, der zur Lösung führt – daher suche bitte nicht danach! Das Erfolgsrezept ist eine Vielzahl von Kleinigkeiten: der systematische Ansatz, das Zerlegen der einen großen Frage in viele kleinere und schließlich die Beherrschung gängiger Rechenmethoden mit Termen und Gleichungen.

Wie es in 11 ganz verschiedenen Beispielen funktioniert, erfährst du in diesem Buch. Damit es sowohl den Einsteigern in Klasse 11 als auch den Leistungskurs-Schülern aus Klasse 13 etwas bietet, ist der Schwierigkeitsgrad und der Umfang des vorausgesetzten Wissens von jeder Aufgabe zur nächsten ansteigend.

Zum Autor

Thomas Kusserow ist Jahrgang 1974, Diplom-Wirtschaftsingenieur und verheiratet. Schon zu seinen eigenen Schul- und Studienzeiten gab er Nachhilfe, hauptsächlich in Mathe und naturwissenschaftlichen Fächern. Nach einer 5-jährigen Tätigkeit als Angestellter in der Industrie, in der keine Zeit für Nachhilfe war, ist er seit 2004 selbständig. Der Schwerpunkt seiner heutigen Tätigkeit liegt in der Nachhilfe für Oberstufenschüler und Studenten, hauptsächlich in Mathe und Physik. Die meisten davon verzeichnen schon nach kurzer Zeit deutliche Erfolge. Aktuelle Informationen rund um seine Nachhilfe finden sich auf der Webseite www.der-abi-coach.de.

So benutzt du dieses Buch

Dieses Buch ist für das intensive Selbst-Studium konzipiert. Das bedeutet: Es gibt keinen einzigen richtigen Weg, wie du es benutzen solltest. Während die meisten wahrscheinlich am besten bedient sind, wenn sie dieses Buch von vorne nach hinten durcharbeiten, möchte so mancher nur die Aufgaben trainieren und mit seiner eigenen Lösung vergleichen.

In jedem Fall rate ich dringend, immer einen Bleistift, Taschenrechner und ein weißes Blatt Papier griffbereit zu haben. Denn der Lerneffekt tritt erst dadurch ein, dass du selbst versuchst, das Dargestellte zu entwickeln. Das Gefühl, wie es ist, wenn man vor einem weißen Blatt Papier sitzt und dabei keine Schweißperlen auf der Stirn bekommt, kann man nur kennenlernen, wenn man sich dieser Situation in einer Übungsumgebung aussetzt. Sei also nicht zu vorschnell mit dem Aufschlagen der Lösung, und lies sie am besten nur ein bis zwei Sätze weit, um wieder selbst das Ruder in die Hand zu nehmen! Je mehr du selber kämpfst, umso stärker kannst du in die nächste Prüfung gehen!

Eine Besonderheit bei diesem Buch ist, dass der Schwierigkeitsgrad der Aufgaben zum Ende hin stark ansteigt, weil dort teilweise schon Rechenmethoden aus dem Abitur vorausgesetzt werden (z.B. Integralrechnung und Kettenregel). Dennoch denke ich, dass dieses Buch auch den Schülern der 11 Klasse schon mehr bietet als die meisten anderen Lehrwerke zu diesem Thema. Und es schadet bestimmt nicht, auch schon einen Blick in die Probleme zu werfen, die dich im Abitur erwarten. Denn auch dort geht es letztlich wieder nur um das systematische Anwenden logischer Zusammenhänge und gelernter Rechentechniken.

Das dargestellte 9-Schritt-Lösungsverfahren ist so zu verstehen, dass man sich die richtigen Fragen zum richtigen Zeitpunkt stellen sollte, um die Aufgabe von Grund auf zu erfassen. Möglicherweise habt ihr die Aufgaben anders behandelt und z.B. auf die Schritte 3. und 9. verzichtet. Manchmal sind auch nicht alle Schritte bei einer Aufgabe sinnvoll anwendbar. Sei hier also bereit zu etwas Flexibilität.

Du hast nun 11 Mal die Gelegenheit, selbst nachzudenken und deine Gedanken mit meinen Erklärungen zu vergleichen. Mache reichlich Gebrauch davon – dann wirst du sehr schnell ein Gefühl für diese Art Aufgaben entwickeln. Viel Erfolg!

1. Aufgabe – Parabel mit Rechteck

Der Funktion $f(x) = -x^2 + 9$ soll im 1. Quadranten ein Rechteck einbeschrieben werden, dessen Kanten parallel zu den Koordinatenachsen verlaufen. Die Fläche des Rechteckes soll unter den gegebenen Voraussetzungen maximiert werden. Bestimme seine Kantenlängen und seinen Flächeninhalt.

Lösung zu Aufgabe 1

1. Schritt: Große (!) Skizze

Der erste erfolgreiche Schritt in Richtung Lösung ist es bei diesen Aufgaben fast immer, dass man sich eine gute Skizze auf kariertem Papier anlegt. Dazu gehört natürlich, dass man einen Bleistift und ein Lineal hat. Dann sollte man sich überlegen, wie denn die besagte Funktion im 1. Quadranten überhaupt aussieht.

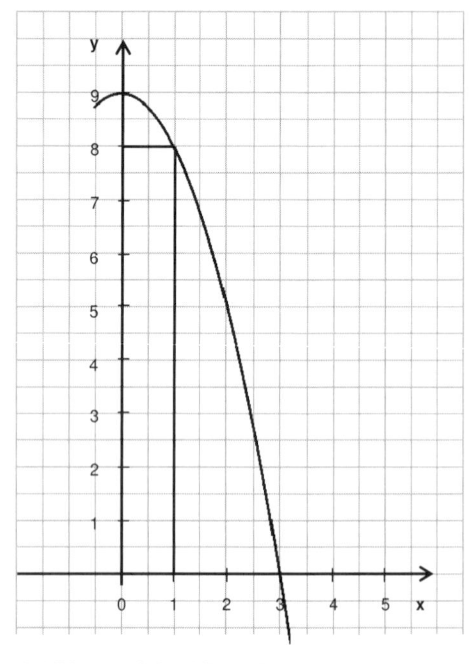

Abbildung 1: Schaubild zu Aufgabe 1

Wer sich gut mit Parabeln auskennt, der sieht, dass es sich um eine nach unten offene Normalparabel handelt (wegen Faktor -1 vor dem x^2), deren Scheitelpunkt um 9 Einheiten in Richtung y, also nach oben, verschoben wurde. Wer es nicht sieht, macht sich eine kleine Wertetabelle oder benutzt, wie in immer mehr Schulen erlaubt, einen grafischen Taschenrechner. Übrigens: Wenn sich das Geschehen im 1. Quadranten abspielt, sollte man natürlich auch nur das Gebiet um den 1. Quadranten zeichnen.

2. Schritt: Ein paar Beispiele einzeichnen und in eine Tabelle bringen

In Abbildung 1 habe ich bereits ein beispielhaftes Rechteck eingefügt. Manchen Schülern reicht ein solches Beispiel schon aus, um zu erkennen, wie man ein allgemeines Rechteck in dieser Aufgabe mit Variablen und Gleichungen beschreiben kann. Solche Schüler lesen aber meistens nicht den Mathe-Dschungelführer, deshalb beschreibe ich hier eine Schritt-für-Schritt-Lösung für alle anderen.

Um überhaupt eine Chance auf eine maximale Fläche zu haben, muss das Rechteck im Rahmen seiner Möglichkeiten den vollen Platz ausnutzen. Das bedeutet – und dies solltest du zukünftig selbst erkennen – dass die rechte obere Ecke des Rechteckes auf jeden Fall auf der Parabel liegen muss und niemals darunter oder links davon.

Nun spielt man (in Gedanken oder auf einem Schmierblatt) ein paar Möglichkeiten durch. Ich habe hier drei Beispiele in Tabelle 1 und Abbildung 2 aufgenommen, man hätte auch andere nehmen können.

Breite	Höhe	Fläche
0,5	8,75	4,375
1	8	8
2	5	10

Tabelle 1: Beispiele von Rechtecken

Es ist immer ratsam, diese Beispiele nur sehr dünn einzutragen, um nicht die Skizze zu überladen. Daher habe ich hier zum Teil gestrichelte Linien benutzt.

Falls du nicht siehst, wie ich auf 8,75 komme: Die Höhe des Rechteckes ist doch durch die Parabel bei Punkt P begrenzt. Und diese Parabel hat an der Stelle x=0,5 die Höhe f(0,5) =8,75. Und die Fläche eines Rechteckes (4,375) ist natürlich immer noch Breite mal Höhe.

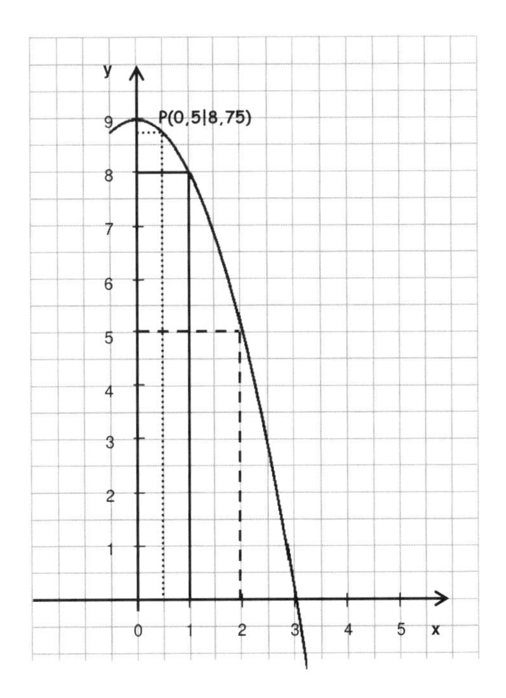

Abbildung 2: Drei Beispiele von Rechtecken

3. Schritt: Die Grenzfälle überlegen

Mathematisch interessant, und von einigen Lehrern auch ausdrücklich verlangt, ist es, sich die sogenannten Grenzfälle zu überlegen.

Wie man an Abbildung 2 erkennt, ist das erste Rechteck in der Tabelle das höchste und schmalste von den dreien. Wie SCHMAL kann ein Rechteck hier im Extremfall werden?
– Und Rechteck Nr. 3 hat die geringste Höhe, ist dafür aber das breiteste. Wie BREIT kann ein Rechteck im Extremfall werden?

An dieser Stelle sollte es dir allmählich gelingen, das System zu verstehen, nach dem diese Rechtecke gebildet werden. Hierfür ist es wichtig zu erkennen, was sich bei den einzelnen Rechteck-Beispielen verändert und was nicht. Schau noch einmal genau auf die drei Beispiele. Der linke untere Punkt ist doch bei allen Rechtecken der gleiche, nämlich der Ursprung (0|0). Verändert wird jedes Mal allein der rechte obere Punkt und damit die Oberseite und rechte Seite des Rechteckes. Wo wird dieser rechte obere Punkt in den genannten beiden Extremfällen liegen?

Stellen wir uns zunächst vor, der rechte obere Punkt sei, so wie in Abbildung 2 für Rechteck 1, der Punkt P(0,5|8,75). Versuche, dir bildlich vorzustellen, wie dieser Punkt sich jetzt, einem Bergsteiger gleich, auf der Parabel nach links oben bewegt und was dabei mit den beiden „beweglichen“ Seiten des Rechteckes passiert. Schließlich trifft der Punkt auf die Y-Achse und liegt dann im Punkt (0|9). Damit ist das Rechteck zu einem dünnen Strich geworden oder etwas mathematischer ausgedrückt: Es wurde der Grenzfall erreicht, bei dem das Rechteck die Breite 0 hat und streng genommen kein Rechteck mehr ist, sondern eine Strecke vom Ursprung zum Punkt (0|9). Ein solches Rechteck hat die Breite 0 und die Höhe 9. Damit ist seine Fläche $A = 0 \cdot 9 = 0$.

Der zweite Grenzfall entsteht, wenn P entlang der Parabel nach rechts bzw. unten wandert, einem Bergsteiger gleich, der sich abseilt. Im Extremfall, wenn der Bergsteiger den Boden erreicht hat, liegt P bei (3|0). Das entsprechende Rechteck hat die Breite 3, aber keine Höhe mehr, denn die Höhe ist ja der y-Wert von P. Damit ist seine Fläche ebenfalls 0.

Bis hierhin kommt man allein durch das Betrachten der Grafik, ohne irgendwelche Buchstaben a, b, x oder y zur Beschreibung des Problems verwenden zu müssen. Das geht im Folgenden leider nicht mehr.

4. Schritt: Die zu maximierende Größe und die beteiligten Größen mit einer Gleichung beschreiben (die „Hauptbedingung“, auch „Extremalbedingung“)

Ich weiß, dass viele Schüler eine natürliche Scheu davor haben, etwas mit x, y, a und b auszudrücken, was sie auch mit Worten erklären könnten. Zu den Extremwertaufgaben gehört es aber immer, die beteiligten Größen durch Variablen zu beschreiben und entsprechende Gleichungen aufzustellen.

Im Nachhilfeunterricht und in den noch folgenden Aufgaben werde ich nicht immer so rücksichtsvoll sein und bis zum 4. Schritt damit warten. Normalerweise muss man mich mit Gewalt daran hindern, ein Rechteck mit a und b zu beschriften, wenn ich es auch nur irgendwo hinzeichne. Und genau dies solltest du dir auch angewöhnen: Alle Strecken, Flächen und Größen, die zur Beschreibung irgendeines mathematischen Zusammenhanges dienen oder auch nur dienen könnten, sollten sofort einen Buchstaben erhalten: Normalerweise nimmt man Kleinbuchstaben für Strecken und Großbuchstaben für Punkte und Flächen. Das Alphabet stellt doch 26 Möglichkeiten zur Verfügung, also bitte etwas mehr Mut und Kreativität beim Vergeben von Namen, liebe Schüler! Ihr dürft bei den Extremwertaufgaben auch auf die griechischen Buchstaben verzichten, ist das Nichts?

Wir reden also ab jetzt über die Breite a und die Höhe b und die Fläche A des Rechteckes.

Die unter Punkt 3 angestellten Überlegungen zu den Grenzfällen führen zum sogenannten **Definitionsbereich** von a und b:

$0 < a < 3$

$0 < b < 9$

oder in Intervallschreibweise:

$a \in \,]0;\ 3[$

$b \in \,]0;\ 9[$

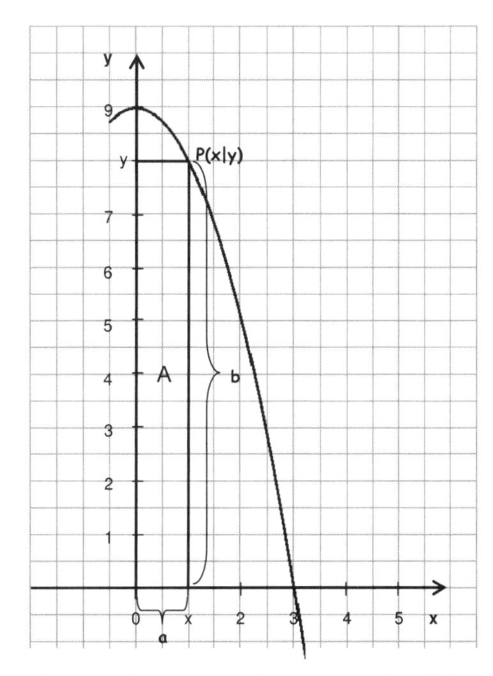

Abbildung 3: a und b zur Beschreibung der Fläche

Bei der Aufgabe geht es darum, die Fläche A maximal werden zu lassen. Dies schreibt man in Form der sogenannten **Hauptbedingung**:

$A = a \cdot b$ Maximieren!

oder noch besser: $A(a,b) = a \cdot b$ Maximieren!

Die zweite Schreibweise (sprich: „A von a und b") macht besonders deutlich, dass die Fläche von den beiden Größen a und b abhängt, welche die Variablen dieser Funktion sind. So neu ist das Ganze nicht: Du kennst die Schreibweise f(x) oder y(x), bei der der Funktionswert y von der Variablen x abhängt. Spielen mehrere Variablen für den Funktionswert eine Rolle, trennt man sie eben mit Komma im Klammerteil.

Die Hauptbedingung ist eine Gleichung, bei der die zu minimierende oder zu maximierende Größe auf der linken Seite steht und die beteiligten Variablen auf der rechten Seite.

Viele Lehrer erwarten, dass man neben der Hauptbedingung noch den Definitionsbereich der beteiligten Variablen angibt. Diesen erhält man durch Betrachtung der Grenzfälle.

Diese Aufgabe habe ich so gestaltet, dass man mit einem kleinen Zusatzgedanken zumindest teilweise in dem gewohnten System mit x und y weiterrechnen kann. Wie du bei den folgenden Aufgaben noch sehen wirst, ist eine der Schwierigkeiten bei den Extremwertaufgaben regelmäßig, dass man die gewohnte Begriffswelt mit x und y und f'(x) bzw. y'(x) verlassen muss.

Sieh noch einmal in die Abbildung 3. Hier gilt, dass die Koordinate x und der Wert für die Breite a immer gleich groß sein müssen. Man kann also die Breite des Rechteckes direkt mit x anstelle von a beschreiben. Ebenso kann man die Höhe des Rechteckes gleich mit y anstelle von b beschreiben. Damit sind die Buchstaben a und b verzichtbar. Dann lautet die Hauptbedingung nicht $A(a,b) = a \cdot b$, sondern:

$A(x,y) = x \cdot y$ Maximieren!

<u>5. Schritt: Die beteiligten Größen mit einer oder mehreren Gleichungen in Zusammenhang bringen (Nebenbedingungen)</u>

Um diesen Schritt zu verstehen, musst du schon das nächste Etappenziel vor Augen haben. Wir wollen die Größe, die in der Hauptbedingung beschrieben ist, also die Fläche A, maximieren. Maximieren einer Funktion heißt mathematisch nichts anderes als „denjenigen x-Wert bestimmen, dessen Funktionswert größer ist als alle anderen Funktionswerte." Und dies sollte dir aus der Kurvendiskussion bekannt sein, Stichwort: Bestimmung von Extremstellen (Hochpunkt und Tiefpunkt). Falls ihr noch keine Kurvendiskussion hattet, dann behandelt ihr zurzeit nur Beispiele, bei denen man mithilfe der Scheitelpunktform den Hochpunkt oder Tiefpunkt einer Parabel bestimmt. Dann bist du deiner Zeit als Leser dieses Buches schon etwas voraus und musst den Teil Kurvendiskussion und Ableitung noch nicht verstehen. Wie auch immer: Wir müssen erst einmal dafür sorgen, dass alle Variablen bis auf eine aus der Hauptbedingung verschwinden. Eine von beiden, x oder y, muss hier also raus.

Damit wäre das nächste Kapitel aus dunkler mathematischer Vorzeit angeschnitten: Die vier Eliminationsverfahren zum Lösen von mehreren Gleichungen mit mehreren Unbekannten[1]. Hier brauchen wir fast immer nur das Einsetzungsverfahren, um eine der Variablen zu eliminieren. Gesucht ist also eine mathematische Beziehung zwischen der Breite des Rechteckes x und seiner Höhe y in Form einer Gleichung. Oft ist eine der größten Schwierigkeiten, sich so eine Gleichung irgendwo aus dem grafischen Zusammenhang zu holen. Mach dir hier bitte selbst Gedanken, wo diese Gleichung herkommen könnte, bevor du weiterliest. Die Antwort findet sich in Abbildung 2 und Tabelle 1.

Was verbindet also den Wert x mit dem Wert y? Wir haben doch gesehen, dass beide Bestandteile des Punktes P sind. Und dieser Punkt P hat zwei wichtige Eigenschaften. Erstens: Er beschreibt die rechte obere Ecke eines möglichen Rechteckes. Zweitens: Er ist Bestandteil des Grafen von f, genauer gesagt von der Funktion $f(x) = -x^2 + 9$ oder anders geschrieben: $y = -x^2 + 9$. Da ist sie, die gesuchte Gleichung!

Die Funktion f ist also das Bindeglied, die mathematische Beziehung, zwischen x und y. Was Millionen Lehrer ihren Schülern über Jahre beibringen wollen: Funktionen sind genau genommen nichts anderes als eine mathematische Beziehung zwischen den Variablen x und y! Wir halten also fest: Unsere Nebenbedingung lautet: $y = -x^2 + 9$

[1] Du erinnerst dich hoffentlich: Einsetzungsverfahren, Gleichsetzungsverfahren, Additionsverfahren, Subtraktionsverfahren

Für jede Variable, die aus der Hauptbedingung eliminiert werden soll, ist eine Nebenbedingung erforderlich.

6. Schritt: Aus Hauptbedingung und den Nebenbedingungen die Zielfunktion erstellen

Nun kann es losgehen. Die Variable y aus der Nebenbedingung wird in der Zielfunktion eingesetzt, so dass die gesamte Fläche A nur noch in Abhängigkeit der einen Variable x beschrieben wird. Das Etappenziel ist erreicht.

Nebenbedingung: $y = -x^2 + 9$

Einsetzen in Hauptbedingung: $A(x,y) = x \cdot y = x \cdot (-x^2 + 9) = -x^3 + 9x$

→ Zielfunktion : $A(x) = -x^3 + 9x$

Auch wenn dieser Schritt sehr klein dargestellt ist, seine Bedeutung kann gar nicht oft genug betont werden. Aus der Hauptbedingung musst du also immer erst eine Funktion mit nur EINER Variablen erschaffen. Die Funktion A(x) enthält nur noch die eine Variable x.

7. Schritt: Die Zielfunktion maximieren

Dies ist der Schritt, bei dem man, in der Regel mit den Techniken der Kurvendiskussion, das lokale Maximum oder Minimum der Zielfunktion bestimmt. Ich bringe in Aufgabe 2 noch eine Ausnahme, bei der es auch ohne Kurvendiskussion geht. A(x) ist nichts anderes als eine mathematische Funktion, die man z.B. in ein x,y-Koordinatensystem zeichnen könnte oder für die man eine Wertetabelle erstellen könnte, ganz so, wie ihr es mit Funktionen f(x) seit einiger Zeit macht.

Wir suchen hier den **Hochpunkt**, auch genannt das **Maximum** oder **lokale Maximum** der Funktion A(x). Für den zu bestimmenden x-Wert gilt gemäß Kurvendiskussions-Lösungstechnik:

Notwendige Bedingung: $A'(x) = 0$ Hinreichende Bedingung: $A''(x) < 0$

Störe dich bitte nicht daran, dass die Ableitung hier A'(x) heißt und nicht f'(x). Du musst allmählich lernen, auch mit anderen als den üblichen Buchstaben x, y und f(x) sicher umzugehen. Deshalb kommt es bei den nachfolgenden Aufgaben auch noch bunter ☹.

Zielfunktion: $A(x) = -x^3 + 9x$

1. Ableitung: $A'(x) = -3x^2 + 9$

2. Ableitung: $A''(x) = -6x$

Notwendige Bedingung: $A'(x) = -3x^2 + 9 = 0 \quad |-9 \quad |:(-3) \quad |\sqrt{\ldots}$

$$x = \sqrt{3} \approx 1{,}73$$

Hinreichende Bedingung: $A''(\sqrt{3}) = -6 \cdot \sqrt{3} \approx -10{,}4 < 0$

Beide Bedingungen sind erfüllt, also ist x=1,73 die Breite eines Rechteckes mit maximalem Flächeninhalt. Übrigens, an alle „Die-negative-Lösung-beim-Wurzelziehen-Vergesser": Hier braucht man nur die positive Lösung, ihr hättet also Glück gehabt! Viele Lehrer sehen es aber gern, wenn man dazu wenigstens eine Bemerkung fallen lässt, wie z.B.: $x = -\sqrt{3}$ geht nicht, da Definitionsbereich $0 < x < 3$. Den Definitionsbereich hatten wir ja auf Seite 10 bestimmt, als x noch a hieß.

8. Schritt: Die fehlenden Größen bestimmen

Dies ist dann normalerweise nur noch reine Formsache. Nur ganz selten muss man hier noch Gleichungen umstellen. Es lohnt sich also, in den Aufzeichnungen nach passend umgestellten Gleichungen zu suchen, die sofort ein Ergebnis liefern.

Die Breite unseres maximalen Rechteckes ist x=1,73. Die Höhe berechnet sich dann aus der Nebenbedingung:

$$y = -x^2 + 9 = -\sqrt{3}^2 + 9 = 6$$

Bitte genau darauf achten, wo das Minus hingehört – das Minus wird hier nicht „hoch 2 genommen!"

Die maximale Fläche (anhand der Hauptbedingung oder Zielfunktion bestimmt) ist:

$$A(x) = -\sqrt{3}^3 + 9 \cdot \sqrt{3} \approx 10{,}39 \text{ FE}$$

Die Größe der maximalen Fläche ist also etwa 10,39 Flächeneinheiten.

Zusammenfassung der allgemeinen Lösungsmethodik

Jede Extremwertaufgabe ist anders und jeder Lehrer behandelt das Thema anders. Dennoch sind viele der auftretenden Probleme immer wieder die gleichen. Hier ist mein Versuch, eine allgemein gültige Lösungssystematik zu liefern.

1. Schritt: Große Skizze anfertigen

2. Schritt: Ein paar Beispiele überlegen und einzeichnen

Dabei kann es auch helfen, die wesentlichen Größen für die Beispiele in einer Wertetabelle gegenüberzustellen. Wenn du später etwas Übung hast, kannst du auf die Wertetabelle und die konkreten Beispiele oft schon verzichten.

3. Schritt: Die Grenzfälle überlegen

Diese bestimmen den Definitionsbereich der beteiligten Größen.

4. Schritt: Die Hauptbedingung aufstellen

Dies ist, wie gesagt, eine mathematische Gleichung für die zu maximierende oder zu minimierende Größe. Sehr oft sind die Hauptbedingungen Formeln zum Umfang, Volumen oder zur Fläche einer geometrischen Grundfigur, wie sie in der Formelsammlung stehen.

5. Schritt: Die Nebenbedingung aufstellen

Wenn mehr als eine Größe eliminiert werden muss, entsprechend mehrere Nebenbedingungen. In diesem Schritt stecken oft die meisten Überlegungen. Alles, was dir helfen kann (Tabelle, Zeichnung, ~~Sitznachbar~~) sollte hier benutzt werden.

6. Schritt: Nebenbedingung in Hauptbedingung einsetzen → die Zielfunktion

7. Schritt: Die Zielfunktion maximieren oder minimieren

Die Zielfunktion zweimal ableiten und den Hochpunkt oder Tiefpunkt finden.

8. Schritt: Die fehlenden Größen bestimmen

9. Schritt: Testen, ob die Randwerte des Definitionsbereiches einen noch besseren Wert ergeben

Schritt 9 wird nach meinen Beobachtungen in Mathe-Grundkursen regelmäßig ausgelassen. Gemeint ist, dass man z.B. in Aufgabe 1 überprüft hätte, ob die Fläche bei $x=0$ oder $x=3$ (bei den Randwerten des Definitionsbereiches) noch größer ist als das gefundene Maximum $A=10{,}39$. Dies kann in seltenen Fällen passieren. Hier ist jedoch $A(0)=0$ und $A(3)=0$.

2. Aufgabe – Rechteck mit einbeschriebenem Dreieck

In einem Garten, der die abgebildete dreieckige Form hat, soll nach dem angezeigten Muster eine möglichst große rechteckige Terrasse angelegt werden. Bestimme die Breite a, die Höhe b und die Fläche A dieser Terrasse.

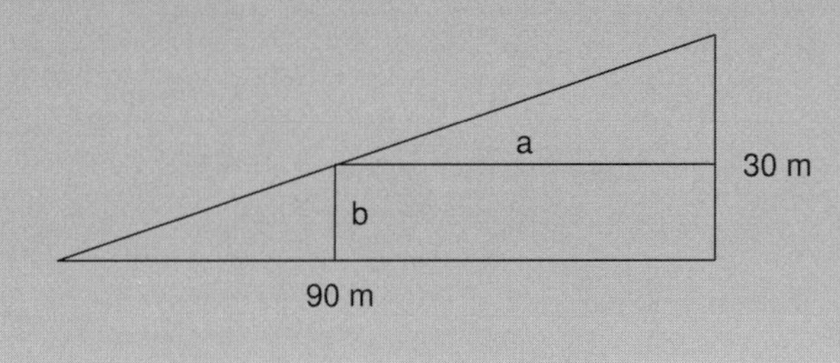

Lösung zu Aufgabe 2

1. Schritt: große Skizze

Hier kommt gegenüber Aufgabe 1 erschwerend hinzu, dass man nicht mit dem Maßstab 1:1 arbeiten kann. Am besten ist es meistens, einen Maßstab mit dem Faktor 10, 100, 1000 etc. zu nehmen. Ich empfehle den Maßstab 1cm Zeichnung entsprechend 10m Realität. In diesem Buch ist 1cm bereits 20m, denn ich möchte den knappen Platz lieber für Erklärungstext nutzen. Außerdem besteht bei mir ja nicht die Gefahr, dass ich irgendetwas wegradieren muss, also komme ich vielleicht mit weniger Platz aus als du.

2. Schritt: Beispiele der zu maximierenden Größe überlegen und (dünn !) einzeichnen

Wie also könnte eine mögliche Terrasse in diesem Garten aussehen? Es gilt wiederum, ein Gefühl dafür zu bekommen, welche Dinge sich verändern können und welche nicht. Abbildung 4 zeigt drei Beispiele.

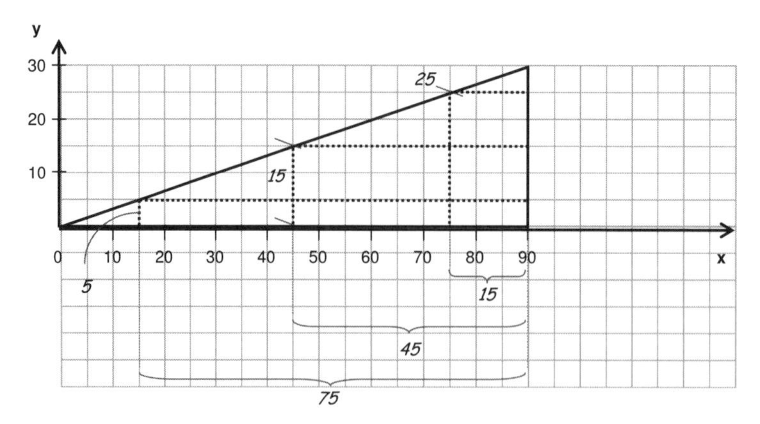

Abbildung 4: Beispiele und Bemaßung zu Beispiel 1

Wir sehen drei Beispiel-Rechtecke. Achte bitte darauf, wie ich mit der Bemaßung (der Beschriftung mit den Längenmaßen) umgehe. Da man sich den Überblick mit einer unübersichtlichen Zeichnung schnell zerstören kann, hier einige wichtige Hinweise.

Erstens: Es ist fast immer bei diesen Min-Max-Aufgaben sinnvoll, sich ein Koordinatensystem unter die geometrische Figur zu legen. Das macht übrigens jeder Ingenieur, der ein Brücke, einen Stoßdämpfer oder einen MP3-Player entwirft, genauso. Sinnvollerweise ist der Koordinatenursprung links unten von der Figur, so wie in meiner Skizze – aber es ginge prinzipiell auch irgendwo anders. Dass die X-Achse ein kleines Bisschen unterhalb vom Dreieck liegt, ist übrigens kein Druckfehler – denn so sieht man die Figur, sprich das Dreieck, noch besser. Es gibt in der Mathematik fast nichts, was man mit ein wenig Nachdenken nicht noch weiter perfektionieren könnte.

Zweitens: Das Koordinatensystem und alle Längen sollten meiner Meinung nach immer nach der Skala AUS DER REALITÄT beschriftet werden, also die Meter-Angaben (nicht die Zentimeter-Angaben aus der Skizze), denn schließlich willst du ja mit der Rechnung die Größe der REALEN Terrasse bestimmen – und nicht jeder beherrscht die Umrechnung von Quadratzentimetern in Quadratmeter so leicht, oder?

Drittens: Bei der Bemaßung sind hier verschiedene Methoden vorgestellt. Es gibt keine einzelne richtige. Vielleicht hat dein Lehrer eine feste Vorstellung, welches System ihr benutzen sollt. Mein pragmatischer Ansatz aus der Nachhilfe heißt: Was der Übersicht dient und eindeutig ist, ist erlaubt. Prüfe, welche der gezeigten Alternativen du verwenden willst.

Zu den senkrechten Maßen: Die 5 sollte nicht mehr in die kleine Ecke hinein gequetscht werden, deshalb ziehe ich sie mit einer geschwungenen Linie heraus. Die 15 ist mit kleinen Schrägstrichen markiert. Ansonsten besteht hier Gefahr, dass man etwas später im Eifer des Gefechts denkt, der Abstand 15 sei nach unten durch die gepunktete waagerechte Querlinie begrenzt bzw. 15 gelte für das Teilstück zwischen Punkt (45|5) und (45|15).

Ein anderes, in der Technik häufig angewendetes System ist bei der 25 dargestellt. Man macht nur noch einen Querstrich und schreibt direkt daneben die KOORDINATE, die dieser Punkt GEGENÜBER DEM NULL-NIVEAU (hier der x-Achse) hat. Das funktioniert natürlich nur bei Strecken, die auf einer Seite bei der Koordinate 0 beginnen.

Bemerkung zu den waagerechten Maßen 15, 45 und 75: Wenn man diesen Platz hat, empfehle ich diese Methode sehr, denn man verdirbt sich nicht die Feinheiten innerhalb der Skizze, wenn die Maße außerhalb stehen. Bitte unterschätze nicht die Bedeutung, die diese vermeintlichen Kleinigkeiten bei der erfolgreichen Lösung haben können. Aber nun zurück zur eigentlichen Aufgabe.

Vor uns sind drei Beispiel-Rechtecke. Diese kommen jetzt in die Wertetabelle. Die Aufgabe gibt die Namen der beteiligten Strecken schon vor: a für die Breite, b für die Höhe. Die Fläche sollte man standardmäßig mit den Großbuchstaben A oder F versehen. Denke daran: Alles, was wir aus der Skizze herauslesen oder abmessen, muss mit den Meter-Angaben aus der Realität in die Tabelle aufgenommen werden.

a	b	$A = a \cdot b$
75	5	375
45	15	675
15	25	375

Tabelle 2: Beispiele von Rechtecken zu Beispiel 1

<u>3. Schritt: Die Grenzfälle überlegen</u>

Das breitest-mögliche Rechteck hat die Breite a=90 und b=0. Es liegt auf der Grundseite des Dreiecks zwischen der x-Koordinate 0 und 90. Das höchst-mögliche Rechteck hat die Breite a=0 und die Höhe b=30. Es liegt auf der senkrechten Seite des Dreiecks zwischen den Punkten (90|0) und (90|30).

Damit ist auch der Definitionsbereich ermittelt:

$0 < a < 90$ $\qquad$ $0 < b < 30$

Wir nehmen die Grenzfälle in die Wertetabelle auf, wie rechts abgebildet.

a	b	$A = a \cdot b$
75	5	375
45	15	675
15	25	375
90	0	0
0	30	0

Tabelle 3: Wertetabelle mit Grenzfällen

4. Schritt: Die Hauptbedingung aufstellen

Wie gesagt, die Hauptbedingung ist normalerweise eine Standardformel zu der zu maximierenden geometrischen Figur. Es handelt sich hier wieder um ein Rechteck, also schreiben wir wieder

$A(a,b) = a \cdot b$ $\qquad$ Maximieren!

Ich empfehle, alle komplizierten geometrischen Betrachtungen beim Aufstellen der Hauptbedingung so weit wie möglich außer acht zu lassen, und diese erst im Folgenden, also bei der Formulierung der Nebenbedingung nach und nach einfließen zu lassen. So mancher möchte hier vielleicht schon b durch y ersetzen. Aber Vorsicht! Wenn dabei irgendetwas schief geht, sind auch die relativ sicher zu holenden Punkte, die der Lehrer für das richtige Aufstellen der Hauptbedingung gibt, unnötig weggeschmissen worden. Wir haben genug Zeit, um die besonderen geometrischen Zusammenhänge im Rahmen der Nebenbedingungen einfließen zu lassen.

5. Schritt: Die Nebenbedingungen aufstellen

Wir haben wieder zwei Variablen a und b in der Hauptbedingung. Also ist eine Nebenbedingung erforderlich: eine mathematische Beziehung (eine Gleichung) mit a und b. Der Zusammenhang ist in dieser Aufgabe schon schwerer zu finden als bei Aufgabe 1, denn a und b lassen sich nicht so einfach durch x und y ersetzen[2].

[2] Clevere schaffen dies auch in dieser Aufgabe, indem sie das Dreieck um 90 Grad rechts herum drehen und dann wieder ein Problem im 1. Quadranten eines Koordinatensystems aus dieser Aufgabe machen, bei dem der bewegliche Punkt des Rechteckes durch eine (diesmal lineare) Funktion beschrieben wird. Ich zeige diese Lösung hier nicht, denn es geht mir in diesem Buch nicht darum, solche nur selten funktionierenden Tricks zu zeigen, sondern ein allgemein gültiges Lösungssystem vorzustellen.

Wie schon bei Aufgabe 1 sollte dein Blick jetzt noch einmal über die Wertetabelle (Tabelle 3) und die Zeichnung wandern, um die festen und die veränderlichen Bestandteile der verschiedenen Rechtecke zu finden, die hier gebildet werden können. Zu diesem Zweck habe ich hier Abbildung 4 nochmals in allgemeiner Form dargestellt.

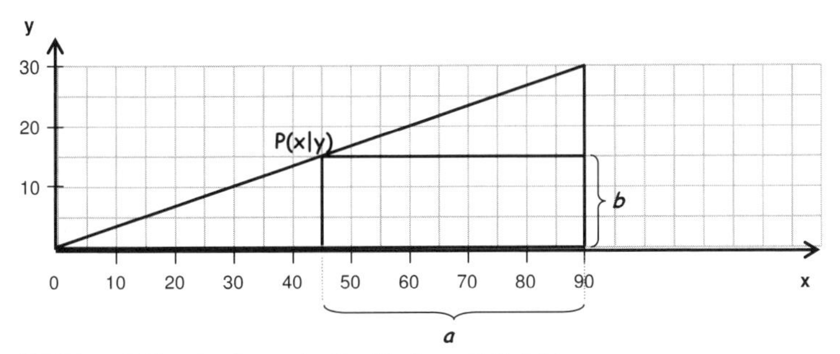

Abbildung 5: Beschreibung des Rechteckes mit Variablen

Wenn man, so wie hier, nicht augenblicklich den Zusammenhang zwischen a und b erkennt, kann es nicht schaden, auch x und y in die Wertetabelle aufzunehmen. Häufig gelingt es, über diese beiden Größen quasi die Brücke von a nach b zu bauen. Tabelle 3 wird also um die beiden Spalten x und y erweitert. Beim Vervollständigen der Tabelle ist es sehr wichtig, dass du nicht nur rechnest bzw. die Strecken deiner Skizze vermisst, sondern nach und nach auch ein Gefühl dafür entwickelst, WAS du rechnest bzw. VERMISST. Es gilt also, nicht einfach die Tabelle zu vervollständigen, sondern dir auch klar zu werden, MIT WELCHEN GEDANKEN du dies erreichst. Im Idealfall kannst du diese „Gedanken" dann in der untersten Zeile dieser Tabelle als Gleichung mit a und b notieren. Überlege nun bitte erst selbst, bevor du dir die fertige Tabelle (und vor allem die letzte Zeile) ansiehst.

a	b	$A = a \cdot b$	x	y
75	5	375	15	5
45	15	675	45	15
15	25	375	75	25
90	0	0	0	0
0	30	0	90	30
a	b	$A = a \cdot b$	$90 = x + a$	$y = b$

Tabelle 4: Ergänzung von Spalte x und y zu Tabelle 3

Hast du es erkannt? Die Koordinate x ist letztlich nichts anderes als die Länge der Strecke, die mit der Seite a zusammen 90 ergibt. Ist x groß, dann ist a klein und umgekehrt. Und dass y=b ist, erkennt man, wenn man die rechte Seite des Rechteckes in Gedanken nach links auf die y-Achse verschiebt.

Mit diesen Gedanken stehen also die vier Größen a, b, x und y in Verbindung. Da man mit einer zusätzlichen Gleichung jeweils eine zusätzliche Variable eliminieren kann, brauchen wir nun 3 Gleichungen I, II, III, um letztlich nur noch eine mathematische Beziehung mit den beiden Größen a und b zu erhalten. Das ist dann die gesuchte Nebenbedingung.

$90 = x + a$ → (I.) $x = 90 - a$

(II.) $y = b$

Welches ist die dritte Beziehung? Dies ist, wie so häufig, die Beziehung zwischen x und y, also die mathematische Funktion, die den Zusammenhang von x mit y beschreibt. Schau noch einmal in die Grafik: x und y hängen über Punkt P zusammen, der entlang der Hypotenuse[3] dieses Dreieckes verschiebbar ist. Und eben diese Hypotenuse ist eine Ursprungsgerade, eine lineare Funktion mit dem y-Abschnitt n=0. Ihre Steigung errechnet sich mit dem Differenzenquotienten aus dem Steigungsdreieck[4] zu

$$m = \frac{\Delta y}{\Delta x} = \frac{30}{90} = \frac{1}{3}$$

→ $y = m \cdot x + n = \frac{1}{3}x + 0$ → (III.) $y = \frac{1}{3}x$

Der Rest ist die konsequente Anwendung der Lösungsverfahren. Bei Gleichung (II.) y gleichsetzen mit (III.) → $b = \frac{1}{3}x$

Einsetzen von x aus (I.) → $b = \frac{1}{3}(90 - a) = 30 - \frac{1}{3}a$

...und schon haben wir die gesuchte Beziehung zwischen a und b, die Nebenbedingung.

[3] „Was war denn das nochmal?", höre ich meine Leserschaft jetzt stöhnen. Die Hypotenuse ist die längste Seite eines rechtwinkligen Dreiecks und liegt immer gegenüber vom rechten Winkel. In der Pythagoras-Formel $a^2+b^2=c^2$ ist sie die Seite c.

[4] Ich hoffe, du erinnerst dich. Jede lineare Funktion kann in der Form y=mx + n beschrieben werden, wobei m die Steigung und n der y-Abschnitt ist. Unsere gesuchte Funktion gewinnt auf einem waagerechten Streckenabschnitt $\Delta x=90$ die Höhendifferenz $\Delta y=30$.

Alternativer Weg zum Bestimmen der Nebenbedingung (für Fortgeschrittene)

Bei diesem alternativen Ansatz hätte man sich sogar die Einführung der Variablen x und y sparen können[5]. Man schaut sich die Spalten a und b in Tabelle 3 nochmals gründlich an. Dann sollte man sich erinnern, dass zwei Größen in der Mathematik oft über eine Funktion zusammen hängen. Im einfachsten Fall ist dies eine lineare Funktion, so auch hier[6]. Falls nicht, haut der hier gezeigte Ansatz leider nicht hin[7] ☹.

Allgemein entsprechen lineare Funktionen dem Schema $y = mx + n$, wobei m die Steigung und n der y-Abschnitt[8] ist. Hier muss das Schema angepasst werden und heißt:

$b = ma + n$

Wie schon angekündigt, du wirst dich allmählich daran gewöhnen müssen, dass nicht alles mit x und y beschrieben wird ☹. Tabelle 3 enthält Wertepaare (a|b).

Steigung allgemein: $m = \frac{\Delta y}{\Delta x}$ hier: $m = \frac{\Delta b}{\Delta a} = \frac{b_2 - b_1}{a_2 - a_1} = \frac{15 - 5}{45 - 75} = -\frac{1}{3}$

Punktprobe bei $(a_1 \mid b_1)$:
(siehe Tabelle 3)

$$b_1 = ma_1 + n$$

$$5 = -\frac{1}{3} \cdot 75 + n \qquad | +25$$

$$30 = n$$

$$\rightarrow \quad b = -\frac{1}{3}a + 30$$

Die Formel ist in der Lage, alle Wertepaare (a|b) aus Tabelle 3 zu bestätigen und stimmt (bis auf die Reihenfolge der Glieder) mit der Formel eine Seite zuvor unten überein.

Damit ist unsere Nebenbedingung gefunden: $b = -\frac{1}{3}a + 30$ bzw. $b = 30 - \frac{1}{3}a$

---

[5] Falls du so etwas während deiner Arbeit entdeckst – dies ist trotzdem kein Grund, alle Überlegungen, die du zu x und y vorher notiert hast, wild durchzustreichen. Immerhin sind sie ja nicht falsch, nur vielleicht nicht der kürzeste Weg ans Ziel.

[6] Auf den Beweis verzichte ich hier. Selbst wenn man dies nicht beweisen kann – zumindest kann man schauen, ob man alle Wertepaare (a|b) aus Tabelle 4 mit der gefundenen Funktion bestätigen kann. Wenn dies bei allen 5 Wertepaaren gelingt, spricht schon vieles für eine richtige Funktion ☺.

[7] Aber auch andere Zusammenhänge, z.B. über eine quadratische Funktion, sollten wenigstens für Leistungskurs-Teilnehmer im Rahmen einer Steckbriefaufgabe (auch genannt „Rekonstruktionsaufgabe") durchaus herstellbar sein, wenn genügend Punkte (a|b) bekannt sind. Ansatz: $y=ax^2+bx+c$. Mehr zum Thema findest du im „Mathe-Dschungelführer Analysis: Rekonstruktionsaufgaben, Steckbriefaufgaben" vom gleichen Autor.

[8] Manchmal heißt es auch $y=mx + b$, dann ist natürlich b der Y-Abschnitt. b wäre für diese Aufgabe aber eine unglückliche Wahl, weil b schon vergeben ist.

6. Schritt: Nebenbedingung in Hauptbedingung einsetzen → die Zielfunktion

Hier ist es naheliegend, b zu eliminieren, da die Nebenbedingung schon nach b aufgelöst ist.

Einsetzen der Nebenbedingung in die Hauptbedingung.

$A(a,b) = a \cdot b$

mit $b = -\frac{1}{3}a + 30$

→ $A(a,b) = a \cdot b = a \cdot (-\frac{1}{3}a + 30) = -\frac{1}{3}a^2 + 30a$

→ $A(a) = -\frac{1}{3}a^2 + 30a$ Dies ist die Zielfunktion, eine Funktion, die die Fläche A beschreibt und nur noch von einer Variablen a abhängt.

7. Schritt: Die Zielfunktion maximieren

Da ich diese Aufgabe schon einmal mit Schülern der 11. Klasse behandelt habe, die noch keine Kurvendiskussion kannten, gehe ich nun etwas genauer darauf ein, was man hier eigentlich tut.

Wir haben mit der Zielfunktion quasi ein Mittel gefunden, mit dem wir allgemein die Größe der Fläche einer Terrasse bzw. eines Rechteckes beschreiben können, und zwar nur noch in Abhängigkeit von seiner Breite a. Wenn jemand uns sagt, wie breit die Terrasse sein soll, können wir ihm sagen, wie viel Fläche die entsprechende, diesem Garten einbeschriebene Terrasse dann hat. Dieser Zusammenhang entspricht einer mathematischen Funktion und lässt sich selbstverständlich in Form einer Wertetabelle oder sogar einer Grafik veranschaulichen, ganz so, wie ihr es mit den Größen x und y regelmäßig durchführt.

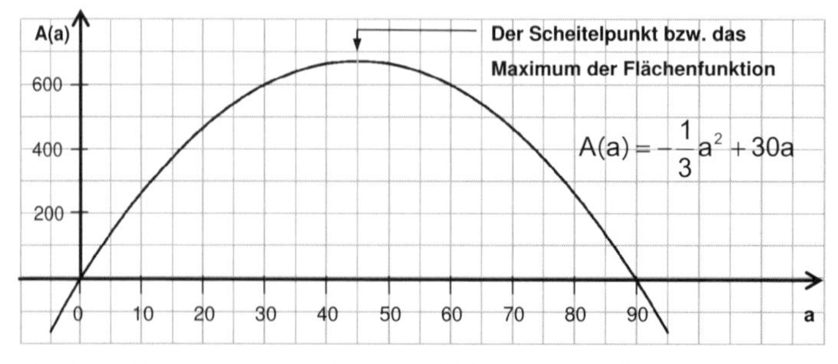

Abbildung 6: Zusammenhang Terrassenfläche A und ihre Breite a

Keine Angst: Solche Schaubilder musst du normalerweise nicht anfertigen können. Aber es wäre schön, wenn du verstehst, was du im Folgenden rechnest: Du musst versuchen, das Maximum von der Flächenfunktion zu bestimmen. Entweder wie in Aufgabe 1 gezeigt mit den Methoden der Kurvendiskussion (Stichwort: Extremwert-Bestimmung) oder mithilfe deines fundierten (☺) Wissens über Parabel-Funktionen.

a) Bestimmung des Maximums mithilfe der Techniken der Kurvendiskussion

Notwendige Bedingung: $A'(a) = 0$

Hinreichende Bedingung: $A''(a) < 0$

Ableiten der Zielfunktion: $A(a) = -\frac{1}{3}a^2 + 30a$

$$A'(a) = -\frac{2}{3}a + 30$$

$$A''(a) = -\frac{2}{3}$$

Notwendige Bedingung: $A'(a) = 0 = -\frac{2}{3}a + 30 \quad | -30 \quad | \cdot \left(-\frac{3}{2}\right)$

$$a = 45$$

Hinreichende Bedingung: $A''(45) = -\frac{2}{3} < 0$ → Maximum

b) Bestimmung mithilfe deines fundierten Wissens über Parabelfunktionen

Die Funktion $A(a) = -\frac{1}{3}a^2 + 30a$ ist eine nach unten geöffnete Parabelfunktion, sie entspricht dem allgemeinen Schema $f(x) = -ax^2 + bx$. Da sie nach unten geöffnet ist, ist ihr Scheitelpunkt ein Maximum. Den Scheitelpunkt ermittelt man durch Überführen in die Scheitelpunkt-Form[9] (binomische Formel mit quadratischer Ergänzung).

→ $A(a) = -\frac{1}{3}a^2 + 30a = -\frac{1}{3}\left[(a-45)^2 - 2025\right] = -\frac{1}{3}\cdot(a-45)^2 + 675$

An den Verschiebungswerten in x- und y- Richtung ist für Insider zu erkennen, dass der Scheitelpunkt der Parabel bei (45|675) liegt.

[9] Erinnerst du dich? Parabeln können in der Normalform/Polynomform, in der Nullstellenform und in der Scheitelpunkt-Form auftreten. Das alles hier zu erläutern, würde den Rahmen sprengen. Das Thema ist schon fest für eine der nächsten Dschungelführer-Ausgaben eingeplant, die wahrscheinlich den Titel „Parabeln und quadratische Gleichungen" tragen wird.

8. Schritt: Die fehlenden Größen bestimmen

Wir haben errechnet: Das maximale Rechteck hat die Breite a=45m (Kurvendiskussion oder Scheitelpunktform) und die Fläche A=675m² (Einsetzen von a in die Zielfunktion).
Dann ist die Höhe b gemäß der Nebenbedingung b=15m.

$$b = -\frac{1}{3}a + 30 = -\frac{1}{3} \cdot 45 + 30 = 15\text{m}$$

An dieser Stelle möchten die meisten Lehrer wieder die Einheiten m (Meter) und m² (Quadratmeter) sehen, die man wegen der Übersichtlichkeit bei den Rechnungen gerne weglässt.

9. Schritt: Testen der Ränder des Definitionsbereiches

Dies ist hier nicht erforderlich, da bei quadratischen Funktionen der Scheitelpunkt nicht nur den lokalen, sondern auch den globalen Extrempunkt darstellt. Will heißen: Höher als bei dem einen Hochpunkt geht bei quadratischen Parabeln nicht! Wer sich nicht auf solche Formulierungen einlassen will, der rechnet die beiden Randwerte von a noch einmal mit der Zielfunktion durch.

$$A(0) = -\frac{1}{3} \cdot 0^2 + 30 \cdot 0 = 0 \qquad A(90) = -\frac{1}{3} \cdot 90^2 + 30 \cdot 90 = 0$$

Je nach Lehrer und Lehrbuch beobachtet man unterschiedliche Ansätze, ob dieser Punkt untersucht werden muss und wie zu argumentieren ist. Am sichersten geht man, wenn man die Rechnung mit den beiden Randwerten durchführt (sogenannte Punktprobe).

Bis hierhin solltest du zumindest die Logik des Lösungsschemas verstanden haben, denn die nun folgenden Aufgaben werden anspruchsvoller. Gleichzeitig werden meine Erklärungen knapper, denn ich werde jeweils nur auf die Dinge eingehen, die speziell für diese Aufgabe wichtig sind und gehe davon aus, dass dir die 9 Lösungsschritte bekannt sind.

3. Aufgabe – Laufbahn

Die Laufbahn in einem Stadion besteht aus zwei parallelen, gegenüberliegenden Geraden und zwei gegenüberliegenden Halbkreisen. In ihrer Mitte befindet sich eine Spielwiese. Wie muss die Laufbahn gestaltet werden, wenn ihre Länge 400m beträgt und die rechteckige Fläche der Spielwiese maximal sein soll? Welche Abmessungen hat dann die Wiese?

Lösung zu Aufgabe 3

<u>1. Schritt: Skizze anfertigen</u>

Bei dieser Aufgabe hilft es leider nicht sehr viel, wenn man in die Figur ein Koordinatensystem hineinlegt, denn es verändert sich einfach zu viel, wenn man verschiedene Beispielfälle durchgeht. Man sollte zunächst einfach die gegebene Skizze betrachten und überlegen, welche Strecken dort überhaupt gemäß Aufgabenstellung verändert werden dürfen und was gleich bleiben soll. Verändert werden darf die Breite und Höhe der Figur. Gleich bleibt die Laufstrecke mit 400m und der grundlegende Aufbau der Figur als Rechteck mit Halbkreisen.

<u>2. Schritt: Ein paar Beispiele überlegen und einzeichnen</u>

Auch hier scheitert, wer das Lösungssystem allzu streng anwenden möchte. Das würde nämlich bedeuten, dass man schon die Formel vom Kreisumfang zu Nebenrechnungen heranzieht und dabei können natürlich auch wieder Fehler entstehen. Sei etwas flexibel. Anstelle einer maßstabsgerechten Zeichnung zeichne ich hier drei Skizzen, die andeuten sollen, wie solche Beispiele aussehen könnten, ohne konkrete Zahlen zu nennen. Dabei sind wesentliche Strecken schon mit Buchstaben versehen. r ist der Radius des Kurventeils der Laufstrecke, a und b sind die Länge und Breite der rechteckigen Spielwiese.

Übrigens: Auch wenn es „nur“ eine Skizze ist – die wichtige Kernaussage, dass die Laufstrecke nämlich bei allen in Frage kommenden Lösungen gleich lang sein soll, sollte (zumindest so gut wie du zeichnen kannst) hier schon erkennbar sein. Außerdem darf der Kurventeil auch gerne mit Zirkel gezeichnet werden, an dieser Stelle würde ich nicht unbedingt Zeit sparen.

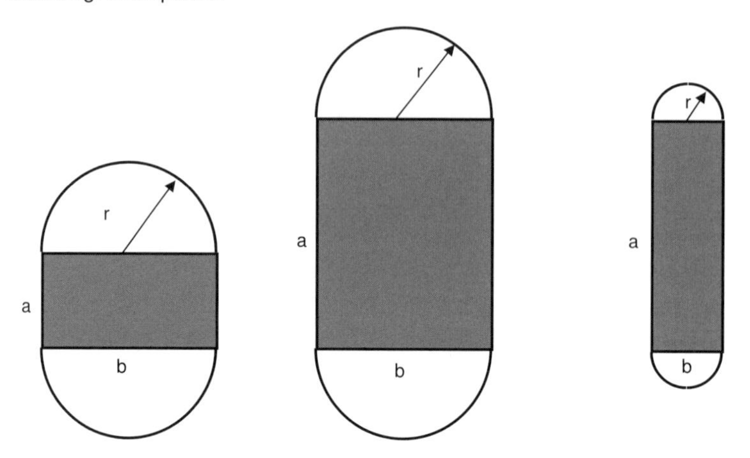

Abbildung 7: Falsch: die Länge der Laufstrecke (Umfang der Figur) ist bei diesen drei Skizzen jeweils extrem unterschiedlich. Solche Skizzen helfen wenig bei der Lösung.

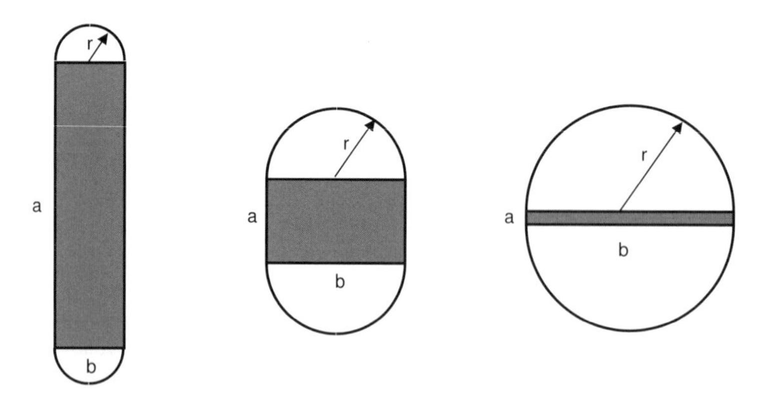

Abbildung 8: Richtig: Die Laufstrecke in allen drei Skizzen ist etwa gleich lang. Damit erkennt man die wesentliche Veränderung: Der Radius r kann nur dadurch größer werden, dass man an dem geraden Streckenstück a einspart. b vergrößert sich, wenn der Radius r sich vergrößert.

Jetzt versucht man wie schon in den beiden Aufgaben zuvor, sich Schritt für Schritt klar zu werden, wie die einzelnen Größen miteinander zusammen hängen. Welche Größen werden kleiner, wenn andere größer werden? Kann man vielleicht schon bestimmte Größen in eine Gleichung bringen? Es wäre nicht schlecht, wenn du z.B. schon erkennst, dass die Größe b immer doppelt so lang wie der Radius r sein muss. b ist also Durchmesser des Kreises.

3. Schritt: Die Grenzfälle überlegen

Und natürlich gehört zu diesen Überlegungen auch, dass man sich die Grenzfälle überlegt. Im ersten Extremfall (links in Abbildung 8 angedeutet) wird die Laufbahn extrem schmal und extrem lang. Dabei gehen r und b gegen 0. Dann wird a nicht etwa unendlich groß, sondern es gilt a=200 – denn schließlich soll ein Läufer ja genau 400m zurücklegen, wenn er eine Runde dreht. Die Rechteckfläche ist dann A=0.

Im anderen Extremfall (rechts in Abbildung 8 angedeutet) besteht die Laufbahn nahezu aus einem Kreis, mit einem „plattgedrückten" Rechteck der Fläche A=0 in seiner Mitte. Dann ist a=0, die Größe r entspricht dem Radius und die Größe b dem Durchmesser eines Kreises, dessen Umfang 400m ist. Mit der Umkreisformel ergibt sich:

$U = 2\pi\, r = 400 \quad \rightarrow \quad r \approx 63{,}66 \quad$ und $\quad b = 2r \approx 127{,}32$

Falls es also vom Lehrer verlangt ist, geben wir hier den Definitionsbereich unserer beiden, die Fläche bestimmenden Größen a und b an. Ansonsten spart man sich diese Rechnung aus Zeitgründen.

$0 < a < 200 \qquad 0 < b < 127{,}32$

Bitte versteh mich richtig: Ich versuche in diesem Buch, an meinem vorgestellten 9-Schritt-Schema festzuhalten, weil ich immer wieder feststelle, dass viele Schüler von diesen Aufgaben total verwirrt sind und gar nicht wissen, wo sie anfangen sollen. Viele Lehrer lassen Teile dieser Vorüberlegungen aus oder erledigen diese mündlich. Dann stehen plötzlich Formeln an der Tafel, die der einen Hälfte der Klasse klar sind und der anderen nicht.

Ein Patentrezept, mit dem sich ALLE Extremwertaufgaben sicher lösen lassen, gibt es leider nicht. Sicher ist nur, dass man erst mit den Formeln anfangen kann, nachdem man sich die Systematik klargemacht hat, mit der die beteiligten Größen zusammenspielen. Und dies gelingt in den meisten Fällen am besten, wenn man eine gute Skizze (mit oder ohne Koordinatensystem) vor sich hat und verschiedene Fälle, auch die Grenzfälle, im Geiste einmal durchspielt. In diesem Sinne verstehe meine Schritte 1 bis 3 bitte so, dass man sie nicht sklavisch abarbeiten muss und dabei jede Menge kostbarer Klausurzeit verbrät, sondern dass sie ein Lösungsschema sind, um das letztlich Entscheidende, die Formeln der Haupt- und Nebenbedingung, zu finden.

4. Schritt: Die Hauptbedingung aufstellen

Die Hauptbedingung ist eine mathematische Formel für die zu maximierende oder zu minimierende Größe. Da meine Aufgaben nur langsam im Schwierigkeitsgrad steigen, sind wir immer noch bei der denkbar leichten Flächenformel des Rechteckes.

$A(a,b) = a \cdot b$ Maximieren!

5. Schritt: Die Nebenbedingung aufstellen

Hier ist wieder eine Gleichung gefragt, die den Zusammenhang zwischen a und b herstellt. Dazu noch ein heißer Tipp:

Zahlen, die in der Aufgabe gegeben sind (z.B. hier die 400m), gehören in aller Regel zur Nebenbedingung. Die Hauptbedingung ist, wie gesagt, meist eine geometrische Standardformel.

Es muss also eine Gleichung mit a und b gefunden werden, in der die Zahl 400 vorkommt. Schau dir noch einmal Abbildung 8 an. Was haben die Größen a, b und r mit der 400 zu tun? Wie kann man die Strecke, die ein Läufer bei einer Umrundung zurücklegt, mit diesen Variablen beschreiben? Bitte überlege erst selbst, bevor du weiterliest.

Der Läufer startet z.B. auf der Geraden. Dann hat er bis zur ersten Kurve die Strecke a zurück gelegt. Dann läuft er entlang eines Halbkreises (bzw. dessen Umfang), dessen Radius wir r nennen. Es folgt noch einmal a und noch einmal ein solcher Halbkreis.

→ (I.) $400 = a + \underbrace{\frac{1}{2} \cdot 2\pi \cdot r}_{} + a + \frac{1}{2} \cdot 2\pi \cdot r = 2a + 2\pi \cdot r$

Allgemeine Formel für den Kreisumfang $U=2\pi r$ mit dem Faktor ½, da es sich ja nur um einen Halbkreis handelt.

Wir suchen eine Beziehung mit a und b, also muss r durch eine weitere Gleichung eliminiert werden, in der r mit a oder b vorkommt. Oft findest du die erforderlichen Gleichungen leichter, wenn du dir schon klar machst, wonach du suchen musst.

(II.) $b = 2r$ → (II.) $r = \frac{b}{2}$

Einsetzen von (II.) in (I.) liefert:

$$400 = 2a + 2\pi \cdot r = 2a + 2\pi \cdot \frac{b}{2} = 2a + \pi \cdot b \qquad |-2a \qquad | :\pi$$

→ Nebenbedingung $\frac{400}{\pi} - \frac{2}{\pi}a = b$

6. Schritt: Nebenbedingung in Hauptbedingung einsetzen → die Zielfunktion

Nun haben wir b mit a ausgedrückt und können diese Nebenbedingung in die Hauptbedingung einsetzen:

$$A(a,b) = a \cdot b = a \cdot \left(\frac{400}{\pi} - \frac{2}{\pi}a\right) = \frac{400}{\pi}a - \frac{2}{\pi}a^2$$

$A(a) = \frac{400}{\pi}a - \frac{2}{\pi}a^2$ Maximieren!

7. Schritt: Die Zielfunktion maximieren

Ableitungen: $A'(a) = \frac{400}{\pi} - \frac{4}{\pi}a$ und $A''(a) = -\frac{4}{\pi}$

Notwendige Bedingung: $A'(a) = \frac{400}{\pi} - \frac{4}{\pi}a = 0 \qquad |-\frac{400}{\pi} \qquad | :\left(-\frac{4}{\pi}\right)$

→ $a = \frac{-400}{-4} = 100$

Hinreichende Bedingung: $A''(100) = -\frac{4}{\pi} < 0$ → Maximum

8. Schritt: Die fehlenden Größen bestimmen

$$A(100) = \frac{400}{\pi} \cdot 100 - \frac{2}{\pi} \cdot 100^2 \approx 6366m^2$$

$$b = \frac{400}{\pi} - \frac{2}{\pi}a = \frac{400}{\pi} - \frac{2}{\pi} \cdot 100 \approx 63{,}66m$$

Testen der Randwerte ist nicht mehr erforderlich, weil in beiden Extremfällen die Rechteckfläche A=0 beträgt. Die entsprechende Argumentation befindet sich bei Schritt 3.

4. Aufgabe – Falt-Karton

Aus einem DIN A4 Blatt (Maße ca. 21cm x 30cm) soll eine offene Schachtel gefaltet werden, indem an allen vier Ecken gleich große Quadrate ausgeschnitten werden. Die frei geschnittenen Seitenflächen werden schließlich hochgeklappt und verklebt.

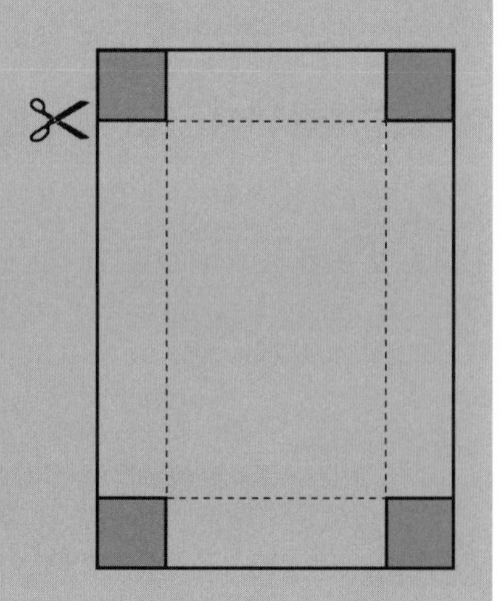

Welche Höhe, Breite und Länge hat die fertige Schachtel, wenn ihr Volumen maximal ist?

Lösung zu Aufgabe 4

1. Schritt: Skizze anfertigen

Auch hier bringt einem eine superpräzise Zeichnung im genauen Maßstab nicht allzu viel. Ich hole an dieser Stelle im Nachhilfeunterricht immer ein Stück Papier und eine Schere und demonstriere, wie aus einem Blatt eine Schachtel entstehen kann. Das dauert nur ungefähr eine halbe Minute – allein an der Zeit kannst du schon erkennen, wie genau ich es mit den Maßen nehme. Wichtig ist, dass du eine Vorstellung davon hast, wo sich die einzelnen Stellen des Blattes am Ende in der Schachtel befinden. Abbildung 9 auf der nächsten Seite zeigt zwei sehr unterschiedliche Varianten von Schachteln und hilft dir hoffentlich, eine solche räumliche Vorstellung zu gewinnen. Achte unter anderem darauf, dass Seite a sowohl senkrecht als auch waagerecht auftritt, da der Ausschnitt quadratisch sein muss.

2. Schritt: Ein paar Beispiele überlegen und zeichnen

Wie gesagt, konkrete Beispiele zu berechnen ist hier ebenfalls relativ mühsam und zeitaufwendig. Ich verzichte deshalb wie schon in Aufgabe 3 auf eine Wertetabelle, da ich hoffe, dass die Überlegungen dir inzwischen auch anhand meiner Skizze mit den abstrakten Variablen a, b und c deutlich werden. Ansonsten gilt: Du hast doch sicher DIN A4 Blätter, eine Schere und Klebeband zu Hause. Probier es einfach mit verschiedenen Varianten aus! Die meisten guten Erfindungen entstanden nicht im Kopf, sondern durch Ausprobieren!

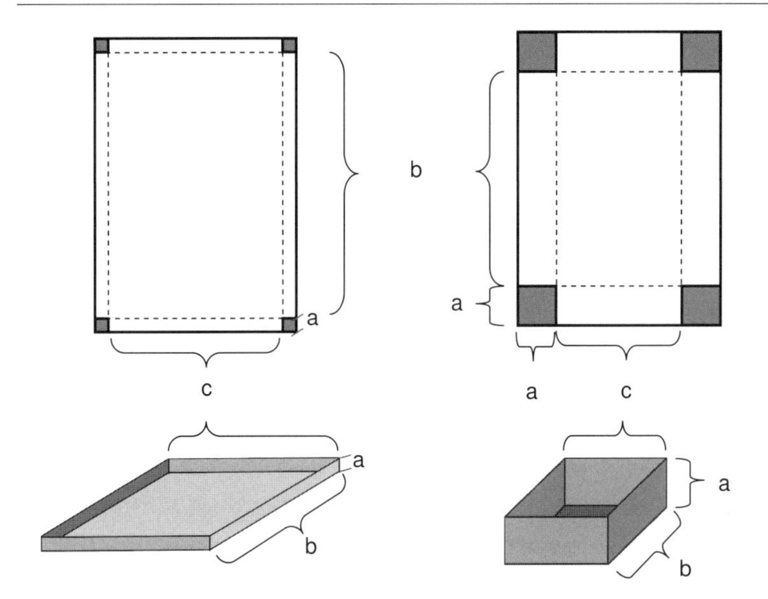

Abbildung 9: Zwei Varianten von Faltkartons

3. Schritt: Die Grenzfälle überlegen

Die linke der beiden abgebildeten Varianten gibt schon einen Hinweis auf den einen Grenzfall. Wenn die Kantenlänge a des herausgeschnittenen Quadrates gegen 0 geht, dann hat unsere entstehende Schachtel die maximale Grundfläche. Leider ist sie aber so flach, dass ihr Volumen dann V=0 ist. Dann ist a=0, b=30 und c=21.

Der andere Extremfall entsteht, wenn wir die größtmöglichen Quadrate an den Ecken herausschneiden. Der „größtmögliche" Fall ist erreicht, wenn die kürzere Schachtelwand (die mit der Breite c) so schmal wird, dass nur noch ein länglicher Fetzen von der Breite eines Haares nach dem Ausschneiden stehen bleibt. Das fertig gefaltete Gebilde ist dann eher ein Briefumschlag als ein Kasten und hat, im mathematisch möglichen Extremfall, das Volumen V=0. a ist dann die Hälfte der Blattbreite 21, also a=10,5, b ist das, was von den 30 cm nach zweifachen Herausschneiden der Länge a noch übrig bleibt, also b=30–2a=9cm und c=0. Damit ist der Definitionsbereich der am Volumen beteiligten Größen

$0 < a < 10{,}5 \qquad 9 < b < 30 \qquad 0 < c < 21$

4. Schritt: Die Hauptbedingung aufstellen

Das Volumen eines Kastens (mathematisch: Quader) mit den Abmessungen a, b und c ist:

$V(a,b,c) = a \cdot b \cdot c$ Maximieren!

Beachte gegenüber den vorangegangenen Aufgaben, dass wir nun drei Variablen in der Hauptbedingung stehen haben. Es müssen also zwei Variablen eliminiert werden, daher brauchen wir zwei Nebenbedingungen mit den Variablen a, b und c.

5. Schritt: Die Nebenbedingungen aufstellen

Wenn du meinen Überlegungen in Schritt 3 aufmerksam gefolgt bist, dann hast du hoffentlich schon eine Idee. Auch wenn es grundsätzlich immer gilt – hier nochmals mein dringender Aufruf: Bitte überlege erst selbst, bevor du weiter liest! Du verschenkst einen wertvollen Trainingseffekt, wenn du es versäumst, an den wichtigen Punkten gedanklich inne zu halten. Schau also selbst auf Abbildung 9 und denke daran, welche Maße das Blatt hat.

Also: Die längere Blattkante 30 cm, in der Abbildung die senkrechte, wird durch das Beschneiden in 2 Anteile von Strecke a und einen Anteil Strecke b aufgeteilt. Die kürzere, 21 cm lange Blattkante wird durch das Beschneiden in 2 Anteile a und einen Anteil c aufgeteilt. In Gleichungen formuliert:

(I.) $2a + b = 30$ (II.) $2a + c = 21$

Diese Aufgabe ist ein schönes Beispiel dafür, dass die reine Kenntnis der Eliminationsverfahren hier nicht mehr ausreicht, um zügig und zielsicher zu arbeiten. Bei den Aufgaben 1 bis 3 war es so, dass man sich aussuchen konnte, welche der Variablen (a oder b) man eliminieren wollte. Hier ist etwas mehr Überblick gefragt! Bevor du die Gleichungen (I.) und (II.) in wilder Hektik nach irgendeiner Größe umstellst, frage dich, was das Ziel dieser Umstellungen sein soll. Ein schlechtes Beispiel: Du stellst (I.) und (II.) nach a um. Dann hast du keine Chance mehr, eine Zielfunktion mit nur einer Variablen daraus zu basteln. a kann nicht zwei Mal eingesetzt werden. Und auch viele andere Wege führen nicht ans Ziel, wenn mehr als eine Variable in der Hauptbedingung zurück bleibt, weil die Variable, die mit dem ersten Einsetzen verschwindet, gleich wieder mit dem zweiten Einsetzen in die Gleichung hinein wandert. Es gibt hier eine clevere Lösung: Alles in der Hauptbedingung muss mit a ausgedrückt werden! Wir bereiten (I.) und (II.) so vor, dass b und c eliminiert werden können.

(I.) $b = 30 - 2a$ (II.) $c = 21 - 2a$

6. Schritt: Nebenbedingung in Hauptbedingung einsetzen → die Zielfunktion

(I.) $b = 30 - 2a$ (II.) $c = 21 - 2a$

$$V(a,b,c) = a \cdot b \cdot c = a \cdot (30 - 2a) \cdot (21 - 2a) = (30a - 2a^2) \cdot (21 - 2a)$$

$$V(a) = 630a - 60a^2 - 42a^2 + 4a^3$$

$$V(a) = 4a^3 - 102a^2 + 630a \qquad \text{Maximieren!}$$

Hinweis: Normalerweise werden derartige Funktionen („Polynome") in der Reihenfolge ihrer Potenzen sortiert, also das a^3-Glied zuerst.

7. Schritt: Die Zielfunktion maximieren

$$V'(a) = 12a^2 - 204a + 630$$

$$V''(a) = 24a - 204$$

Notwendige Bedingung: $V'(a) = 12a^2 - 204a + 630 = 0 \quad | \; :12$

$$a^2 - 17a + 52{,}5 = 0 \quad | \quad \text{pq} - \text{Forrmel}$$

$$a_{1,2} = -\frac{-17}{2} \pm \sqrt{\left(\frac{-17}{2}\right)^2 - 52{,}5}$$

→ $a_1 = 8{,}5 + \sqrt{19{,}75} \approx 12{,}94$ und $a_2 = 8{,}5 - \sqrt{19{,}75} \approx 4{,}06$

Hinreichende Bedingung: $A''(a_1) = 24 \cdot 12{,}94 - 204 = 106{,}56 > 0$ → Minimum[10]

$A''(a_2) = 24 \cdot 4{,}06 - 204 = -106{,}56 < 0$ → Maximum

8. Schritt: Die fehlenden Größen bestimmen

$a = 4{,}06\text{cm}$ $\quad b = 30 - 2 \cdot 4{,}06 = 21{,}89\text{cm}$ $\quad c = 21 - 2 \cdot 4{,}06 = 12{,}89\text{cm}$

$$V(4{,}06) = 4 \cdot (4{,}06)^3 - 102 \cdot (4{,}06)^2 + 630 \cdot 4{,}06 = 1144{,}17\text{cm}^3$$

9. Schritt: Testen der Ränder des Definitionsbereiches

$V(0) = 0$ $\quad V(10{,}5) = 4 \cdot 10{,}5^3 - 102 \cdot 10{,}5^2 + 630 \cdot 10{,}5 = 0$

→ keine Vergrößerung des Volumens in den Randbereichen

[10] Der Wert a=12,94 gehört zu einem Tiefpunkt. Außerdem kommt er nicht in Betracht, weil er außerhalb des Definitionsbereiches von a liegt.

5. Aufgabe – Pferde-Gehege

Zwei Pferdegehege sollen wie abgebildet rechteckig auf einem Feld angelegt werden. Dabei soll jedes eine Fläche von 400 m² haben. Um Zaun einzusparen, entschließt man sich, die Gehege auf der Rückseite einer Hauswand anzulegen. Welche Breite x und Höhe y nimmt der gesamte Gehege-Komplex ein, wenn der Einsatz von Baumaterial für den Zaun minimal sein soll?

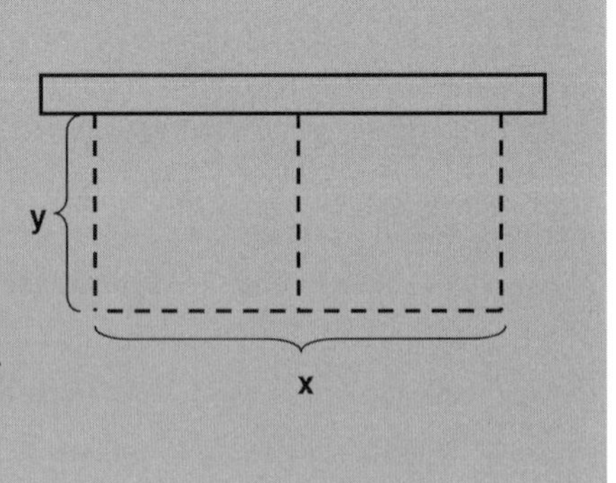

Lösung zu Aufgabe 5

1. Schritt: Skizze anfertigen

Wenn schon eine brauchbare Skizze gegeben ist, so wie hier, braucht man diese natürlich nicht unbedingt nochmal abzuzeichnen. In der gegebenen Skizze ist das Verhältnis von x zu y relativ ausgewogen. Bei sehr vielen dieser Aufgaben erreicht man das Optimum (Minimum oder Maximum), wenn die beteiligten Größen ausgewogen, d.h. relativ weit entfernt vom Rand ihres Definitionsbereiches sind. Um sich jedoch die Systematik einer Aufgabe, also den Zusammenhang zwischen den beteiligten Größen klar zu machen, ist es oft besser, wenn man eine Skizze nahe bei den Extremfällen zeichnet. So wie meine beiden Skizzen hier.

2. Schritt: Ein paar Beispiele überlegen und zeichnen

Mit etwas geübtem Auge erkennt man bereits hier, dass die rechts dargestellte Variante sehr verschwenderisch mit dem Zaun-Material umgeht.

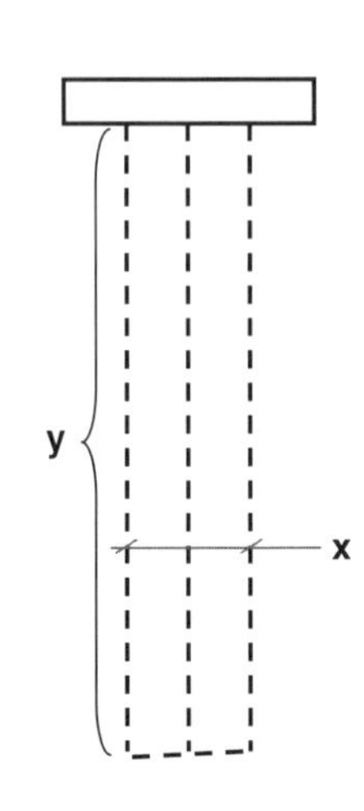

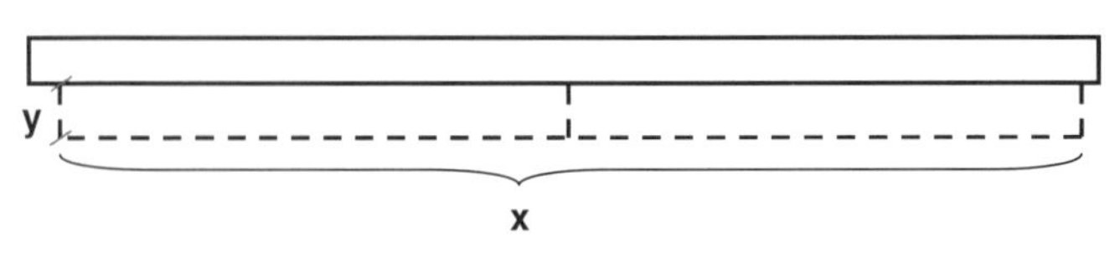

Abbildung 10: Darstellung zweier extremer Möglichkeiten

3. Schritt: Die Grenzfälle überlegen

Echte Grenzfälle wie in den anderen Aufgaben zuvor gibt es hier nicht. Denn rein mathematisch ist es immer noch möglich, ein Pferdegehege z.B. so zu gestalten, dass y=1mm beträgt. Dann müsste x entsprechend größer sein (800 km, um genau zu sein). Ob die Pferde sich dann noch wohl fühlen, das ist dann natürlich eine andere Frage. Die einzige Bedingung, die wir erfüllen müssen, ist offensichtlich, dass x und y positive Zahlen sind.

$x > 0$ und $y > 0$ oder in Mengenschreibweise: $x \in R^+$ und $y \in R^+$

4. Schritt: Die Hauptbedingung

„Der Einsatz von Baumaterial" für den Zaun soll minimiert werden. Wie kann man das in eine Formel pressen? Natürlich hängt der Einsatz von Baumaterial direkt mit der Länge des Zaunes zusammen. Ein Buchstabe für die Zaunlänge muss her – ich verwende hier z.
z soll also minimiert werden.

Nun muss man sich überlegen, wie z von den „gegebenen" Größen x und y abhängt. Diese beiden Größen sind natürlich in Wirklichkeit nicht gegeben. Was ich meine, ist: Wir wollen ja x und y benutzen, um damit eine mathematische Argumentation aufzubauen. Wenn du den Gehege-Komplex nochmals genau ansiehst, sollte dir auffallen, dass wir jeweils drei senkrechte Zaunabschnitte mit der Länge y und einen waagerechten Abschnitt mit der Länge x benötigen. Die Hauptbedingung lautet also:

$z(x,y) = 3 \cdot y + x$ Minimieren!

5. Schritt: Die Nebenbedingung aufstellen

Die Hauptbedingung war hier ziemlich schwer. Dafür ist die Nebenbedingung leichter. Der Gehege-Komplex hat zwei mal 400m², also 800m², und besitzt die Form eines Rechteckes:

$A = x \cdot y = 800$

Dies ist die Formel, mit der wir x durch y ausdrücken können und umgekehrt. Also ist die Nebenbedingung:

$x \cdot y = 800$ beziehungsweise: $y = \frac{800}{x}$

6. Schritt: Nebenbedingung in Hauptbedingung einsetzen → die Zielfunktion

$$z(x,y) = 3 \cdot y + x = 3 \cdot \frac{800}{x} + x = \frac{2400}{x} + x$$

Für das nun folgende Ableiten empfiehlt sich die Schreibweise: $z(x) = 2400x^{-1} + x$

Übrigens: Falls du merkst, dass du mit solchen Umformschritten noch Probleme hast – du bist nicht allein. Aber wenn du nichts in die Richtung unternimmst, kann dich das im Abi eine Menge Punkte kosten. Mein Tipp: „Der Mathe-Dschungelführer Analysis1: Terme & Gleichungen" ist mein zweites Buch, eine Mischung aus Übungsbuch und Formelsammlung mit solchen Aufgaben, kompakt aber reich an Inhalt, speziell konzipiert für Abiturienten.

7. Schritt: Die Zielfunktion minimieren

$$z'(x) = -2400x^{-2} + 1$$
$$z''(x) = 4800x^{-3}$$

Notwendige Bedingung: $z'(x) = -2400x^{-2} + 1 = 0 \qquad | +2400x^{-2} \quad | \cdot x^2 \quad | \sqrt{\ldots}$

$$x = \pm\sqrt{2400} \approx \pm 49$$

Hinreichende Bedingung: $z''(49) = 4800 \cdot 49^{-3} = 0{,}0408 > 0$ → Minimum

Wegen dem Definitionsbereich rechnet man nur mit der positiven Lösung von x weiter.

8. Schritt: Die fehlenden Größen bestimmen

$$x = 49m$$

$$z(49) = 2400 \cdot 49^{-1} + 49 = 97{,}98m$$

$$y = \frac{800}{49} = 16{,}33m$$

Das Gehege mit dem kürzesten Zaun ist 49m breit und 16,33m lang. Die Zaunlänge ist 98m.

9. Schritt: Test der Randwerte des Definitionsbereiches (eher was für Leistungskurse)

$\lim\limits_{x \to 0} \frac{2400}{x} + x \to \infty \qquad \lim\limits_{x \to \infty} \frac{2400}{x} + x \to \infty$ → keine Verbesserung

6. Aufgabe – Tortenstück

Eine Bäckerei verkauft ihre Tortenstücke einzeln. Die Tortenstücke werden so geschnitten, dass ihre Grundfläche 30 cm² beträgt. Dann wird die Seitenfläche mit einem Werbepapier umwickelt, welches den Namen der Bäckerei trägt. Wie groß sollten der Radius r und der Kreisbogen b des Tortenstückes gewählt werden, damit der Verbrauch an Werbepapier minimal wird?

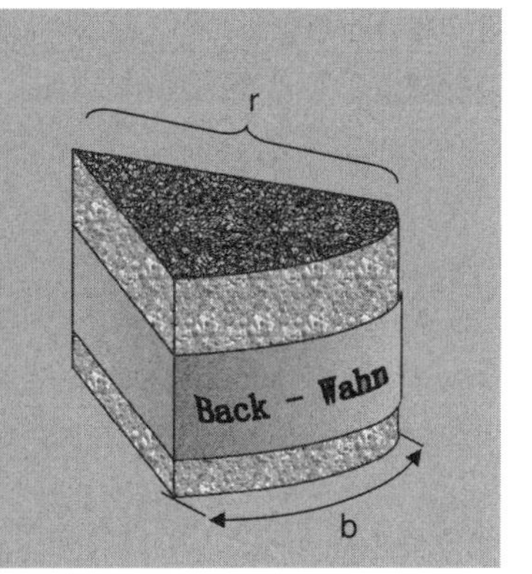

Lösung zu Aufgabe 6

1. Schritt: Skizze anfertigen

Nach meiner Ansicht ist die Skizze schon klar. Aber das denkt ja so mancher Lehrer über die von ihm gestellten Aufgaben. Noch deutlicher als in meiner Skizze wird der Zusammenhang, wenn wir die Aufgabe auf das Wesentliche reduzieren: Ein Kreisausschnitt mit dem Radius r und dem Bogenstück der Länge b. Die Figur soll die Fläche $A=30cm^2$ haben und einen möglichst kleinen Gesamt-Umfang.

2. Schritt: Ein paar Beispiele überlegen und zeichnen

Wieder wird es sehr schwierig, mit konkreten Zahlen zu arbeiten. Deshalb mache ich drei Skizzen, die in etwa die gleiche Grundfläche haben, aber in denen die variablen Größen b und r unterschiedlich groß sind.

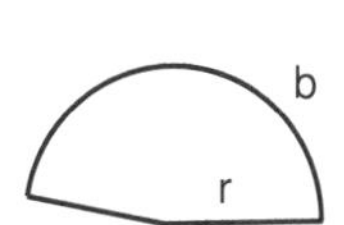

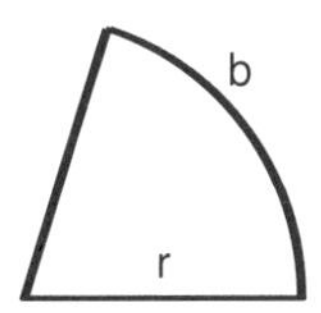

Abbildung 11: Drei Beispiele von Tortenstücken mit gleicher Fläche

Man darf also nicht davon ausgehen, dass diese Bäckerei mit einer bestimmten Tortenform arbeitet, die einen festen Radius vorgibt. Der Radius kann beliebig gestaltet werden.

3. Schritt: Die Grenzfälle überlegen

Es ist unbedingt erforderlich, dass du in Abbildung 11 schon selbst erkennst, dass eine Vergrößerung des Radius r mit einer Verkürzung des Bogenstückes b einhergeht und umgekehrt. Noch besser wäre es, wenn du außerdem schon bemerkt hast, dass man die Varianten durch den Winkel eindeutig beschreiben kann, der jeweils zwischen den beiden Schnittkanten liegt. Was liegt also näher, als diesem Winkel für die weiteren Überlegungen einen Namen zu geben – er könnte ja noch wichtig werden. Übrigens: Fast immer, wenn es um solche Kreisausschnitte geht, spielt der Winkel eine entscheidende Rolle.

Wie gesagt: Alles, was uns zur allgemeinen Beschreibung der geometrischen Verhältnisse nützt oder auch nur nützen könnte, sollte einen Namen erhalten.

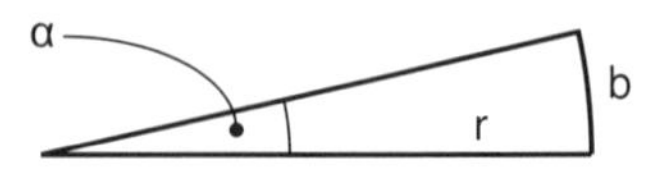

Die Grenzfälle lassen sich nun bestimmen, wenn man sich überlegt, in welchem Bereich sich α bewegen kann. Ist α=360°, dann haben wir es mit einer klassischen, runden, ungeschnittenen Torte zu tun. Dann erhalten wir einen Kreis mit einem bestimmten Radius r und einem bestimmten Umfang b. Diese lassen sich (immer unter dem Vorbehalt, dass es hier verlangt ist,) mithilfe der Kreisformeln für Fläche und Umfang berechnen. Allgemein gilt:

$A_{Kreis} = \pi \cdot r^2$ $\qquad$ $U_{Kreis} = \pi \cdot r \cdot 2$

Die erste Formel, nach r umgestellt und für A=30cm² eingesetzt, liefert:

$$r = \sqrt{\frac{A}{\pi}} = \sqrt{\frac{30}{\pi}} \approx 3{,}09$$

Dann gilt für das Bogenstück b, welches den gesamten Umfang dieses Kreises ausmacht:

$$b = U_{Kreis} = \pi \cdot 3{,}09 \cdot 2 \approx 19{,}42$$

Der andere Grenzfall entsteht, wenn α gegen 0° geht. Dann geht auch b gegen 0 und wir haben ein sehr, sehr schmales Tortenstück (noch schmaler als in Abbildung 11 rechts). Damit die Fläche immer noch A=30cm² bleibt, muss r entsprechend immer länger werden. Solange b noch geringfügig größer als 0 ist, lässt sich also, zumindest mathematisch, immer noch ein passender Radius r finden. Ähnlich wie bei Aufgabe 5 mit dem Pferde-Gehege lassen sich also auch hier bizarre Grenzfälle konstruieren, die mathematisch möglich, aber praktisch nicht zu verwirklichen sind. Mal ganz abgesehen von der Schwierigkeit, ein Tortenstück mit kilometerlangem r herzustellen – zu dem kleinstmöglichen Umfang führt dies mit Sicherheit nicht.

4. Schritt: Die Hauptbedingung aufstellen

Minimal werden soll der Papierverbrauch. Also ist die Hauptbedingung eine Formel zum Papierverbrauch, genauer: zum Umfang des entstehenden Tortenstückes, um den das Papier ja herum gelegt wird. Sehen wir uns noch einmal Abbildung 11 an und überlegen, aus welchen mathematischen Größen sich der Umfang dieser Figur zusammensetzt. Jedes Tortenstück[11] hat zwei Schnittkanten der Länge r und eine runde Kante mit der Länge b.

$U(r,b) = 2r + b$ Minimieren!

Beim Definitionsbereich geht es also um die beteiligten Größen r und b. Nur für diese (und nicht für α) wird der Definitionsbereich normalerweise angegeben.

$3{,}09 < r < \infty$ $\quad\quad 0 < b < 19{,}42$

5. Schritt: Die Nebenbedingung aufstellen

Gesucht ist eine Gleichung, in der r und b als einzige Unbekannte auftreten. Hier ist ein Griff zur Formelsammlung erforderlich. Wir suchen zum Thema „Kreisausschnitt“ und finden hoffentlich die beiden Standardformeln für Fläche und Umfang. Ich verwende hier gleich meine zuvor eingeführten Buchstaben r, b und α. Dass genau diese Buchstaben so in der allgemeinen Formelsammlung stehen, wäre natürlich Zufall:

$$A_{\text{Kreisausschnitt}} = \pi \cdot r^2 \cdot \frac{\alpha}{360°} \qquad U_{\text{Kreisausschnitt}} = \pi \cdot r \cdot 2 \cdot \frac{\alpha}{360°} = \pi \cdot r \cdot \frac{\alpha}{180°}$$

Falls sie nicht in deiner Formelsammlung stehen: Es kommt gegenüber der normalen Kreisformel jeweils nur ein Faktor $\frac{\alpha}{360°}$ hinzu, der den Kreisanteil angibt, z.B. ¼ bei $\alpha = 90°$.

Gemäß der Flächenformel ($A=30\text{cm}^2$) gilt:

(I.) $$30 = \pi \cdot r^2 \cdot \frac{\alpha}{360°}$$

Gemäß der Umfangsformel gilt:

(II.) $$b = \pi \cdot r \cdot 2 \cdot \frac{\alpha}{360°}$$

Wir wollen α eliminieren. Dazu gibt es viele Möglichkeiten, z.B. könnte man sogar beide Gleichungen durcheinander teilen. Ich zeige hier das Einsetzungsverfahren, weil es immer funktioniert. Allerdings erlaube ich mir, nicht α, sondern gleich $\frac{\alpha}{360°}$ einzusetzen.

[11] Für Leistungs-Teilnehmer: Überlege, ob wirklich JEDES Tortenstück diesem Prinzip folgt! – Der eine gezeigte Grenzfall „runde Torte“, bei $\alpha=360°$, benötigt nicht den 2r-Anteil, weil hier ja keine Schnittkanten vorhanden sind! Formal korrekt müsste man für diesen Sonderfall eine zweite Hauptbedingung angeben. In der Praxis reicht es, in Schritt 9 die Grenzwertbetrachtung wie gehabt vorzunehmen.

(I.) umstellen nach $\frac{\alpha}{360°}$: (I.) $30 = \pi \cdot r^2 \cdot \frac{\alpha}{360°} \quad | :(\pi \cdot r^2)$

(I.) $\frac{30}{\pi \cdot r^2} = \frac{\alpha}{360°}$

Einsetzen in (II.): (II.) $b = \pi \cdot r \cdot 2 \cdot \frac{\alpha}{360°} = \pi \cdot r \cdot 2 \cdot \frac{30}{\pi \cdot r^2}$

→ Nebenbedingung: (II.) $b = \frac{60}{r}$

6. Schritt: Nebenbedingung in Hauptbedingung einsetzen → die Zielfunktion

$U(r,b) = 2r + b = 2r + \frac{60}{r}$ Alternative Schreibweise: $U(r) = 2r + 60r^{-1}$

7. Schritt: Die Zielfunktion minimieren

$U'(r) = 2 - 60r^{-2}$
$U''(r) = 120r^{-3}$

Notwendige Bedingung: $2 - 60r^{-2} = 0 \quad | \cdot r^2 \quad | +60 \quad | :2 \quad | \sqrt{\ldots}$
$r = \pm\sqrt{30} \approx \pm 5{,}477$

Hinreichende Bedingung (nur mit dem positiven Wert, wegen Definitionsbereich)
$U''(5{,}477) = 120 \cdot 5{,}477^{-3} \approx 0{,}73 > 0$ → Minimum

8. Schritt: Die fehlenden Größen bestimmen

$r = 5{,}477\text{cm} \quad b = \frac{60}{5{,}477} = 10{,}95\text{cm} \quad \alpha \approx 114{,}6°$ (α freiwillig bestimmt)

$U(5{,}477) = 2 \cdot 5{,}477 + 60 \cdot 5{,}477^{-1} = 21{,}91\text{cm}$

9. Schritt: Test der Randwerte des Definitionsbereiches

$U(3{,}09) = 2 \cdot 3{,}09 + 60 \cdot 3{,}09^{-1} = 25{,}6 \quad \lim_{r\to\infty} 2r + 60r^{-1} \to \infty$ → keine Verbesserung

Soweit die „offizielle“ Lösung. Leistungskurs-Teilnehmer sollten hier jedoch erkennen, dass der in Schritt 3 erste diskutierte Grenzfall mit einem Umfang von $U = \pi \cdot 3{,}09 \cdot 2 = 19{,}42\text{cm}$ letztlich die beste Lösung ist, weil man ja an den Schnittkanten Papier einspart!

7. Aufgabe – Gewinn eines Unternehmens

Ein Unternehmen ist in der Lage, bis zu 300 Einheiten eines Produktes in einer Wirtschaftsperiode zu produzieren. Der am Markt erzielbare Periodenumsatz (die sogenannte „Erlösfunktion") ist abhängig von der Stückzahl x und beschreibbar durch die Funktion

$$E(x) = -\frac{1}{80}x^2 + 5x$$

Die gesamten entstehenden Produktionskosten (die „Kostenfunktion") betragen

$$K(x) = 2x + 100$$

a) (Kleine Verständnisfrage, die zumindest den Schülern von Wirtschaftsgymnasien keine Probleme machen sollte): Bei welcher Ausbringungsmenge x ist das Geschäft kostendeckend?

b) Bei welcher Ausbringungsmenge x ist der Periodengewinn, also der Umsatz abzüglich der Kosten, am größten?

Lösung zu Aufgabe 7a)

Diese Teilaufgabe sieht zunächst nicht wie eine typische Extremwertaufgabe aus, passt aber dennoch gut hierhin. Ich hoffe, ich habe sie so gestellt, dass sie auch von Schülern außerhalb von Wirtschaftsgymnasien gelöst werden kann. Von „kostendeckender" Menge x (auch „Break-Even-Punkt" genannt) spricht man bei derjenigen Ausbringungsmenge, die gerade in der Lage ist, die Kosten, die sie verursacht, am Markt wieder einzuspielen. Wir suchen also denjenigen x-Wert, bei dem die Erlös- und die Kostenfunktion gleiche Funktionswerte liefern.

$$K(x) = E(x)$$

$$2x + 100 = -\frac{1}{80}x^2 + 5x \qquad | -2x - 100$$

$$0 = -\frac{1}{80}x^2 + 3x - 100 \qquad | : \left(-\frac{1}{80}\right)$$

$$0 = x^2 - 240x + 8000$$

Zunächst alles auf eine Seite bringen zur Lösung mit pq-Formel (da quadratische Gleichung)

Übrigens: Rechts steht nun schon die Gewinn-Funktion. Beim kostendeckenden Punkt ist der Gewinn Null!

$$x_{1,2} = -\frac{-240}{2} \pm \sqrt{\left(\frac{-240}{2}\right)^2 - 8000} = 120 \pm 80$$

$$x_1 = 120 + 80 = 200$$

$$x_2 = 120 - 80 = 40$$

→ Es gibt zwei solche Break-Even-Punkte. Bei der Produktionsmenge x=40 und bei x=200 arbeitet das Unternehmen kostendeckend.

Lösung zu Aufgabe 7b)

1. Schritt: Skizze anfertigen

Ich befürchte, dass es den meisten meiner Leser nicht ohne größeren Zeitaufwand und ohne ein gewisses Fehlerpotenzial möglich ist, die beiden Funktionen E(x) und K(x) in ein grafisches Schaubild zu bringen, auch wenn die Lehrer den Lehrplan-Auftrag „Erstellen grafischer Schaubilder für lineare Funktionen und quadratische Funktionen" irgendwann zwischen Klasse 8 und 11 als erledigt abgehakt haben. Da ich hier eigentlich den Schwerpunkt Extremwertaufgaben verfolge, hier nur einige kurze Hinweise:

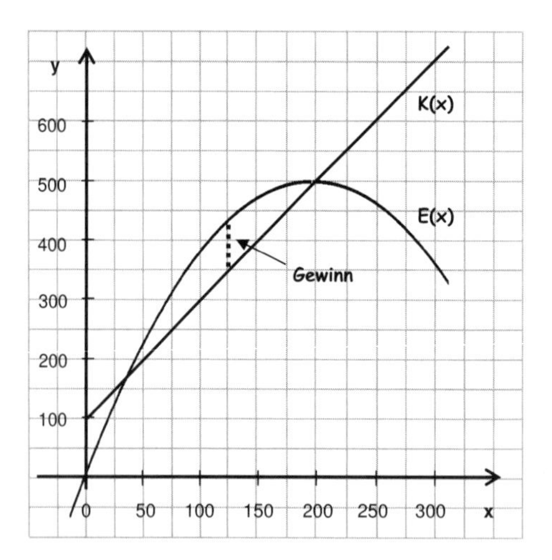

Abbildung 12: Kosten und Erlösfunktion

Die Funktion K(x) ist eine lineare Funktion mit der Steigung 2 und dem Achsenabschnitt 100.

Die Funktion E(x) ist eine quadratische Funktion, nach unten geöffnet, um den Faktor 80 in y-Richtung gestaucht und mit dem Scheitelpunkt (zu ermitteln durch die Scheitelpunktform) (200|500).

An so einem Bild sollten zumindest die Besucher der Wirtschaftsgymnasien schon abschätzen können, wo der Gewinn am größten ist, nämlich irgendwo zwischen x=100 und x=150. Der Gewinn ist der senkrechte Abstand, mit dem die Funktion E(x) oberhalb von der Funktion K(x) verläuft. Diesen Abstand habe ich in Abbildung 12 mit einer senkrechten Punktlinie markiert. Die Frage nach dem maximalen Gewinn ist also die Frage, bei welchem x-Wert die Funktion E(x) den größten Abstand über der Funktion K(x) hat. Solche Aufgaben, bei denen der maximale Abstand von einer Funktion zur anderen gefragt ist, können durchaus auch an „normalen" Gymnasien vorkommen.

2. Schritt: Ein paar Beispiele überlegen und einzeichnen

Dieser Punkt fördert hier das Verständnis nur wenig. Man könnte als „Beispiele" weitere Senkrechte zwischen den Funktionen einzeichnen. Bei x=300, wo die beiden Funktionen sehr schön weit auseinander liegen, liegt übrigens nicht der optimale Punkt – hier wird ein sehr hoher NEGATIVER Gewinn gemacht, sprich: ein Verlust! Dies ist daran zu erkennen, dass K(x) oberhalb von E(x) verläuft, also die Kosten größer sind als die Erlöse. Wer will, kann sich hier noch eine Wertetabelle mit einigen Beispielwerten x, E(x), K(x) und E(x) – K(x) anlegen. Ich hoffe allerdings, du bist dank der anderen Aufgaben schon so routiniert, dass du mittlerweile darauf verzichten kannst.

3. Schritt: Die Grenzfälle überlegen

Die Firma kann zwischen 0 und 300 Einheiten x produzieren. Also gilt: $0 < x < 300$

4. Schritt: Die Hauptbedingung aufstellen

Möglicherweise erscheint dir meine folgende Argumentation unnötig kompliziert. Wenn du schneller am Ziel warst und vielleicht schon die Zielfunktion stehen hast, ist dies auch nicht schlimm. Um bei meinem Lösungsschema zu bleiben: Zunächst ist die Gewinnfunktion nur abhängig von den Variablen K:„Kosten" und E:„Erlöse". Also schreibe ich:

$$G(E,K) = E - K \qquad \text{Maximieren!}$$

5. Schritt: Die Nebenbedingung

Nebenbedingungen sind die Abhängigkeiten der Größen E und K von x.

$$\text{(I.)}\quad E = -\frac{1}{80}x^2 + 5x \qquad\qquad \text{(II.)}\quad K = 2x + 100$$

6. Schritt: Nebenbedingung in Hauptbedingung einsetzen → die Zielfunktion

$$G(E,K) = E - K = -\frac{1}{80}x^2 + 5x - (2x + 100) = -\frac{1}{80}x^2 + 3x - 100 = G(x) \qquad \text{Maximieren!}$$

Achte beim Einsetzen auf die Klammern für K aus Nebenbedingung (II.). Die Gewinnfunktion ist jetzt nur noch abhängig von der Ausbringungsmenge x. Dies war übrigens der Punkt, den wir in der dritten Zeile der Berechnungen bei Teilaufgabe a) schon erreicht hatten. Dort wurde quasi die (noch nicht so benannte) Gewinnfunktion nach 0 aufgelöst.

7. Schritt: Die Zielfunktion maximieren

$$G(x) = -\frac{1}{80}x^2 + 3x - 100$$

$$G'(x) = -\frac{1}{40}x + 3$$

$$G''(x) = -\frac{1}{40}$$

Notwendige Bedingung: $G'(x) = -\frac{1}{40}x + 3 = 0 \quad | + \frac{1}{40}x \quad | \cdot 40$

$$120 = x$$

Hinreichende Bedingung: $G''(120) = -\frac{1}{40} < 0$ → Maximum

8. Schritt: Die fehlenden Größen bestimmen

x=120 ist die Ausbringungsmenge mit dem höchsten Gewinn. Dann beträgt der Gewinn:

$$G(120) = -\frac{1}{80} \cdot 120^2 + 3 \cdot 120 - 100 = 80$$

Freiwillige Angaben: Die Erlöse und die Kosten betragen an diesem Punkt:

$E(120) = -\frac{1}{80} \cdot 120^2 + 5 \cdot 120 = 420$ $\quad K(120) = 2 \cdot 120 + 100 = 340$

9. Schritt: Testen der Randwerte auf Verbesserung

$G(0) = -\frac{1}{80} \cdot 0^2 + 3 \cdot 0 - 100 = -100$ Verlust von 100

$G(300) = -\frac{1}{80} \cdot 300^2 + 3 \cdot 300 - 100 = -325$ Verlust von 325

→ keine Verbesserung

8. Aufgabe – Rechteck im Halbkreis

Wie muss ein Rechteck einem Halbkreis mit dem Radius r einbeschrieben werden, damit seine Fläche maximal ist? (Hinweis: Auf das hinreichende Kriterium kann verzichtet werden.)

Lösung zu Aufgabe 8

1. Schritt: Skizze anfertigen

Kurze Fragen bedeuten nicht unbedingt, dass die Aufgabe einfach ist. Die Skizze bekommen viele Schüler hier wohl noch ordentlich hin. Das Gemeine an dieser Aufgabe ist allerdings, dass die Lösung nicht in Form einer konkreten Zahl gegeben werden kann. Es ist lediglich für die Breite und Höhe des Rechteckes eine Gleichung anzugeben, in der r als Variable auftaucht – frei nach dem Motto: Wenn du mir verrätst, wie groß r denn ist, dann kann ich dir sagen, wie groß a und b sind.

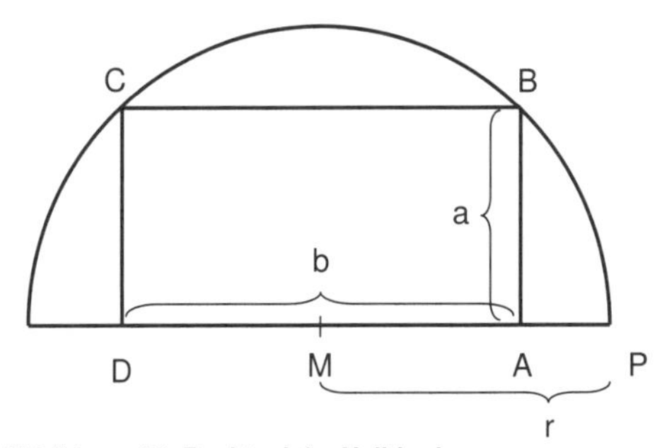

Abbildung 13: Rechteck im Halbkreis

Es gibt verschiedene Darstellungsformen und Möglichkeiten zur Lösung. Prinzipiell lassen sich Strecken in der Mathematik mit Kleinbuchstaben beschreiben, hier r, a und b. Ebenso sollte es dir möglich sein, mit Strecken und Punkten zu argumentieren. Dann heißt die Strecke mit Länge r beispielsweise $\overline{MP}$.

Ich zeige hier eine Lösung, die ohne Koordinatensystem funktioniert[12], da ich denke, dass diese am lehrreichsten ist und dem erwarteten Lösungsmuster der meisten Lehrer entspricht.

[12] Es wäre auch möglich mit Koordinatensystem. Dazu würde man das Rechteck der Kreisfunktion $f(x) = \sqrt{r^2 - x^2}$ einbeschreiben und sich aufgrund der Symmetrie zur y-Achse auf den ersten Quadranten beschränken. Dann geht es ähnlich wie bei Aufgabe 1 weiter.

2. Schritt: Ein paar Beispiele überlegen und zeichnen

Tja, mit den konkreten Beispielen wird es schwierig, da wir ja keine konkreten Zahlen verwenden können. In einer Übungssituation wie dieser würde ich sagen: Versuche, dir einen bestimmten Radius einfach auszudenken, z.B. r=10cm, zeichne einen solchen Halbkreis und trage dann einige Rechtecke dort ein. Dann kannst du die Länge von a und b mit dem Lineal vermessen, in eine Tabelle eintragen und kommst hoffentlich irgendwann darauf, wie sie rechnerisch bzw. geometrisch zumindest in diesem 10cm-Kreis zusammenhängen.

In einer Prüfungssituation würde ich sagen: Dazu fehlt die Zeit. Du solltest inzwischen in der Lage sein, die geometrischen Zusammenhänge auch mit reinen Variablen auszudrücken. Dabei kann es wieder sehr nützlich sein, sich zwei Skizzen zu erstellen, die schon recht nahe an den Grenzfällen liegen. Denk dran: Der Radius sollte jeweils gleich sein!

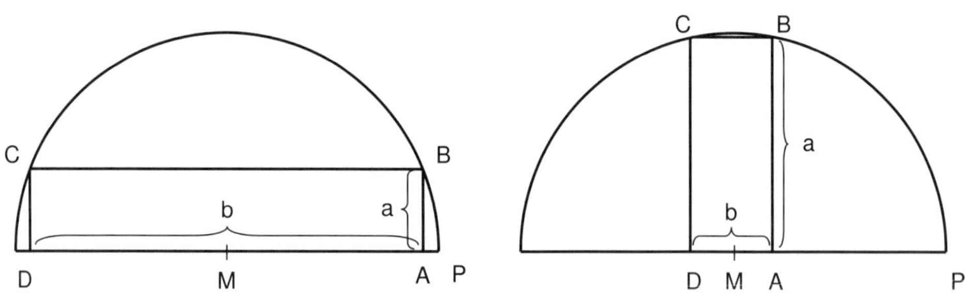

Abbildung 14: Zwei Beispiel-Rechtecke

3. Schritt: Die Grenzfälle überlegen

Erster Grenzfall: Wenn a=0 ist, dann entspricht b dem Durchmesser des Kreises, also b=2r. Zweiter Grenzfall: Wenn b=0 ist, dann ist a=r (die Höhe des Halbkreises ist r). In beiden Grenzfällen ist die Rechteckfläche A=0. Also gilt: $0 < a < r$ und $0 < b < 2r$

4. Schritt: Die Hauptbedingung aufstellen

Es geht, wie so oft zuvor schon, um die Maximierung einer Rechteckfläche.

$A(a,b) = a \cdot b$ Maximieren!

In diesem Fall ist eine Argumentation mit Punkten und Beträgen der Strecken übrigens unübersichtlich und nicht empfehlenswert, z.B. $A(|\overline{DA}|,|\overline{AB}|) = |\overline{DA}| \cdot |\overline{AB}|$

5. Schritt: Die Nebenbedingung aufstellen

Ich hoffe, du überlegst immer noch fleißig selbst, bevor du meine Ausführungen liest. Hätte ich Abbildung 14 etwas geschickter gezeichnet, wäre dir die Lösung vielleicht schon eingefallen. Falls du noch nicht drauf gekommen bist, sieh dir Abbildung 15 einmal genauer an.

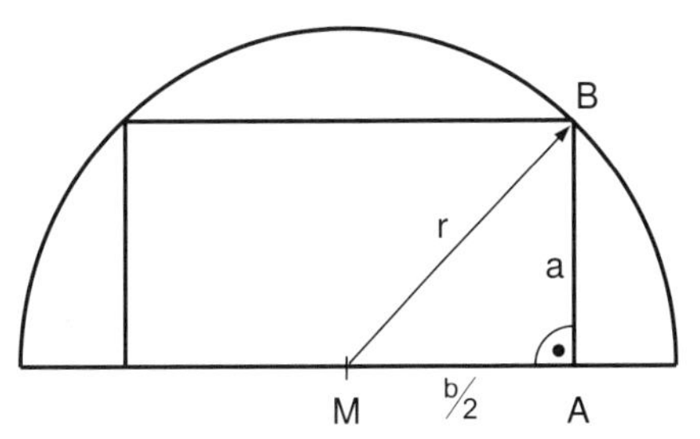

Abbildung 15: Lösung mit dem rechtwinkligen Dreieck

Zwischen den Punkten M, A und B entsteht jeweils ein rechtwinkliges Dreieck, dessen Katheten (die kürzeren Seiten am rechten Winkel) die Länge $b/2$ und a haben und dessen Hypotenuse durch die Länge r beschrieben wird. Egal, wie das Rechteck auch aussieht, die Hypotenuse dieses Dreieckes hat immer die Länge r. Der mathematische Zusammenhang für die Nebenbedingung, also die Beziehung zwischen b und a, lässt sich nun mit dem Satz von Pythagoras herstellen.

Allgemeine Form:

$$a^2 + b^2 = c^2$$

Für unser Dreieck MAB gilt:

$$a^2 + \left(\frac{b}{2}\right)^2 = r^2$$

Die Formel wird nun entweder nach a oder b umgestellt. Dabei darfst du dich nicht an der Größe r stören. r wird wie eine normale Zahl behandelt, gehört also auf die rechte Seite.

$$a^2 + \left(\frac{b}{2}\right)^2 = r^2 \qquad | -a^2 \quad | \cdot 4 \quad | \sqrt{\ldots}$$

→ die Nebenbedingung: $b = 2 \cdot \sqrt{r^2 - a^2}$

6. Schritt: Nebenbedingung in Hauptbedingung einsetzen → die Zielfunktion

$A(a,b) = a \cdot b = a \cdot 2 \cdot \sqrt{r^2 - a^2}$

$A(a) = 2a \cdot \sqrt{r^2 - a^2}$ Maximieren!

7. Schritt: Die Zielfunktion maximieren

Jetzt darfst du wieder einmal zeigen, was du gelernt hast. Die Ableitung dieser Zielfunktion verlangt nämlich die Produktregel und Kettenregel in Kombination. So etwas mögen Prüfer sehr gerne (Schüler werden ja nicht gefragt ☹). Aus diesem Grunde käme eine solche Aufgabe sicherlich in die engere Auswahl, um als Abitur-Prüfungsaufgabe gestellt zu werden. Es tut mir leid, wenn ich hier nicht alles wieder auffrischen kann – aber das Thema Ableitungsregeln würde schon allein ein eigenes Buch füllen.

1. Ableitung:

Wir zerlegen die Funktion A(a) gemäß Produktregel[13] in die zwei Faktoren

$$u(a) = 2a \qquad \text{mit} \quad u'(a) = 2$$

und $$v(a) = \sqrt{r^2 - a^2} \qquad \text{mit} \quad v'(a) = \frac{-a}{\sqrt{r^2 - a^2}}$$

Nebenrechnung zu v'(a) mit Kettenregel[13]:

innere Funktion: $h(a) = r^2 - a^2$ mit $h'(a) = -2a$

äußere Funktion: $g(h) = \sqrt{h}$ mit $g'(h) = \frac{1}{2\sqrt{h}}$

→ $$v'(a) = \underbrace{h'(a) \cdot g'(h(a))}_{\text{innere • äußere Ableitung}} = -2a \cdot \frac{1}{2\sqrt{h}} = \frac{-a}{\sqrt{r^2 - a^2}}$$

Anwendung der Produktregel:

$$A'(a) = u'(a) \cdot v(a) + u(a) \cdot v'(a)$$

Hinweis: In der Formelsammlung heißt es z.B.

$$f'(x) = u'(x) \cdot v(x) + u(x) \cdot v'(x)$$

Einsetzen der 4 Bestandteile u, u', v, v' von oben:

$$A'(a) = 2 \cdot \sqrt{r^2 - a^2} + 2a \cdot \frac{-a}{\sqrt{r^2 - a^2}} = 2 \cdot \sqrt{r^2 - a^2} - \frac{2a^2}{\sqrt{r^2 - a^2}}$$

Notwendige Bedingung:

$$A'(a) = 2 \cdot \sqrt{r^2 - a^2} - \frac{2a^2}{\sqrt{r^2 - a^2}} = 0 \qquad | \cdot \sqrt{r^2 - a^2}$$

Steht die Unbekannte im Nenner, sollte dieser zunächst herausmultipliziert werden

$$2 \cdot (r^2 - a^2) - 2a^2 = 0 \qquad | \; :2$$

Nicht vergessen: Wir wollen nach a auflösen, r ist wie eine Zahl zu behandeln.

---

[13] Eine kleine Formelsammlung findest du unter 4. Glossar auf Seite 63.

$r^2 - a^2 - a^2 = r^2 - 2a^2 = 0 \qquad |+2a^2 \qquad |:2 \qquad |\sqrt{\dots}$

$$a = \frac{r}{\sqrt{2}} \approx 0{,}707r$$

Die negative Lösung beim Wurzelziehen kann wieder ignoriert werden, da a>0.

Auf die 2. Ableitung darf verzichtet werden ☺. Die Lösung lässt sich mit einem Beispiel veranschaulichen. Ist r=10cm, dann ist a=7,07cm.

8. Schritt: Die fehlenden Größen bestimmen

Alle fehlenden Größen werden natürlich abhängig vom Wert r bestimmt.

$$a = \frac{r}{\sqrt{2}} \approx 0{,}707r$$

$$b = 2 \cdot \sqrt{r^2 - \left(\frac{r}{\sqrt{2}}\right)^2} = 2 \cdot \sqrt{r^2 - \frac{r^2}{2}} = 2 \cdot \sqrt{\frac{r^2}{2}} = \frac{2}{\sqrt{2}} r = \sqrt{2} \cdot r \approx 1{,}41r$$

$$A(a,b) = a \cdot b = \frac{r}{\sqrt{2}} \cdot \sqrt{2} \cdot r = r^2$$

A kann mit der Hauptbedingung oder der Zielfunktion berechnet werden. Noch ein Tipp, der auch für viele Abituraufgaben gilt: Wenn nach einer langen, komplizierten Rechnung die Ergebnisse plötzlich relativ einfach und übersichtlich wirken, spricht vieles dafür, dass du richtig gerechnet hast.

9. Schritt: Testen der Randwerte auf Verbesserung

Wie bereits bei Schritt 3 erwähnt, haben die beiden grenzwertigen Rechtecke die Fläche A=0. Falls du trotzdem noch rechnen möchtest, setzt du die grenzwertigen Fälle von a in die Zielfunktion ein:

$$A(0) = 2 \cdot 0 \cdot \sqrt{r^2 - 0^2} = 0$$

$$A(r) = 2r \cdot \sqrt{r^2 - r^2} = 2r \cdot \sqrt{0} = 2r \cdot 0 = 0$$

Wie du siehst, können die Schwierigkeiten bei den Extremwertaufgaben in völlig unterschiedlichen Phasen der Lösung auftreten. Bei manchen Aufgaben ist die Nebenbedingung schwer zu finden, bei anderen Aufgaben gehen die Probleme nach dem Aufstellen der Nebenbedingung erst richtig los.

9. Aufgabe – Blechdose

Eine wirklich praktische Fragestellung für alle, die es mit der Schonung der natürlichen Ressourcen ernst nehmen:
Eine Blechdose hat die Form eines Zylinders mit dem Volumen 1 Liter. Welche Maße muss sie haben, damit ihre Oberfläche bzw. der benötigte Blechverbrauch minimal ist?

Lösung zu Aufgabe 9

1. Schritt: Skizze anfertigen

Eine Skizze ist schon mitgeliefert. Allerdings sollte man dort noch die Größen eintragen, mit denen man so einen Zylinder beschreiben kann. Ich verwende hier den Radius[14] r der Grundfläche und die Höhe h.

2. Schritt: Ein paar Beispiele überlegen und zeichnen

Wiederum werden die meisten Lehrer hier nicht verlangen, dass du schon die Beispielfälle mit präzisen Werten beschreibst. Wenn du alle Aufgaben dieses Buches gewissenhaft durchgearbeitet hast, sollte es dir jetzt möglich sein, auf konkrete Zahlenbeispiele zu verzichten. Deshalb fahre ich fort und gehe mit zwei Skizzen sogleich zu Schritt 3 über.

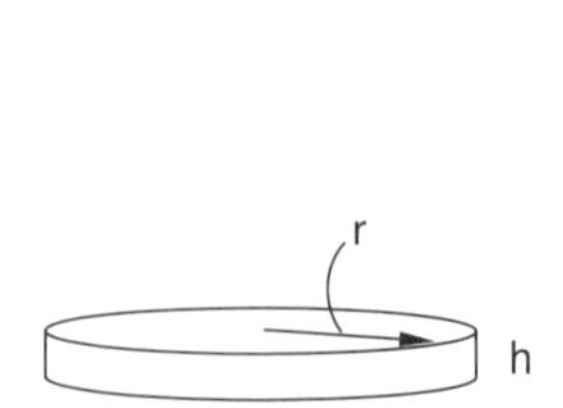

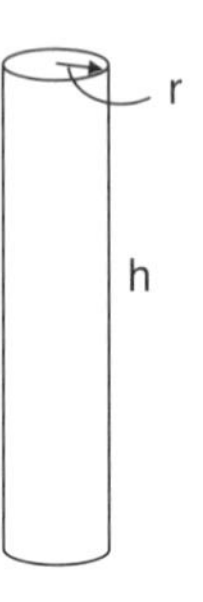

Abbildung 16: Zwei Möglichkeiten für Blechdosen (Modell „Tablette" und „Schornstein")

[14] Möglich wäre auch der Durchmesser. Dieser ist doppelt so groß wie der Radius → d=2r.

3. Schritt: Die Grenzfälle überlegen

Hier sind, ähnlich wie bei der Aufgabe mit dem Pferdegehege und teilweise bei der Aufgabe mit dem Tortenstück, noch Extremfälle mathematisch konstruierbar, die in der Praxis keine Bedeutung haben. Wenn $h \rightarrow 0$ geht, wird das Modell „Tablette“ extrem flach. Aber da der Radius ja beliebig groß werden kann, könnte ein solcher flacher Zylinder immer noch das Volumen von 1 Liter haben. Im anderen Extremfall, dem Modell „Schornstein“ geht $r \rightarrow 0$. Solange r immer noch wenige Bruchteile größer als 0 ist, kann durch eine entsprechend groß gewählte Höhe dafür gesorgt werden, dass dieser Zylinder das Volumen 1 Liter hat. Also gilt:

$0 < r < \infty$ und $0 < h < \infty$ Hinweis: Den Teil „$< \infty$“ kann man weglassen.

4. Schritt: Die Hauptbedingung aufstellen

Die Oberfläche soll minimiert werden. Die Formelsammlung liefert:

$O = 2\pi\, r \cdot (r + h)$ bzw. als Funktion: $O(r,h) = 2\pi\, r \cdot (r + h)$ Minimieren!

5. Schritt: Die Nebenbedingung aufstellen

Gesucht ist eine mathematische Beziehung zwischen h und r. Gegeben, und bisher noch nicht verwendet, ist das Volumen. Was liegt also näher, als in der Formelsammlung die Volumenformel zu verwenden und damit eine Beziehung zwischen h, r und der Angabe 1 Liter herzustellen.

$V = 2\pi\, r^2 \cdot h = 1$ Liter → die Nebenbedingung: $2\pi\, r^2 \cdot h = 1$

An dieser Stelle sollte man noch einmal kurz innehalten wegen der Einheiten. 1 Liter ist ein Kubik-Dezimeter, mathematisch: 1 Liter $= 1 dm^3$. Das bedeutet, wir können gerne so rechnen, müssen uns aber bewusst sein, dass dann alle Strecken, die wir ermitteln, in der Einheit Dezimeter erscheinen. Das Umrechnen von Einheiten, gerade wenn es um räumliche Zusammenhänge geht, ist längst nicht jedermanns Sache und würde wiederum den Rahmen dieses Buches sprengen. Als einfache Grundregel solltest du dir merken:

Alle Einheiten, die innerhalb einer Aufgabe verwendet werden, müssen zueinander passen. Sind die Strecken z.B. in cm gegeben, dann erscheinen Flächen in cm^2 und Volumina in cm^3.

6. Schritt: Nebenbedingung in Hauptbedingung einsetzen → die Zielfunktion

Anders als bei den Aufgaben zuvor ist es hier sehr wichtig, dass du dir gut überlegst, welche Variable, r oder h, du eliminieren möchtest. Prinzipiell geht beides – aber je komplizierter die Rechnung wird, umso größer werden der Zeitbedarf und das Fehlerpotenzial dabei. Ich führe hier demonstrativ beide Methoden vor.

a) Wenn r eliminiert werden soll:

Die Nebenbedingung nach r umstellen: $2\pi\, r^2 \cdot h = 1 \quad | :2\pi h \quad | \sqrt{...}$

→ $r = \frac{1}{\sqrt{2\pi h}}$

r in Hauptbedingung einsetzen: $O(h) = 2\pi \frac{1}{\sqrt{2\pi h}} \cdot \left(\frac{1}{\sqrt{2\pi h}} + h \right)$

$O(h) = \frac{1}{h} + \sqrt{2\pi h}$

Danach 2-mal nach h ableiten....

b) Wenn h eliminiert werden soll:

Die Nebenbedingung nach h umstellen: $2\pi\, r^2 \cdot h = 1 \quad | :2\pi r^2$

→ $h = \frac{1}{2\pi\, r^2}$

h in Hauptbedingung einsetzen: $O(r) = 2\pi\, r \cdot \left(r + \frac{1}{2\pi\, r^2} \right)$

$O(r) = 2\pi\, r^2 + \frac{1}{r}$

Das sieht doch schon viel besser aus ☺. Sowohl die Ableitungen als auch das Ermitteln der Zielfunktion selbst sind bei b wesentlich unkomplizierter. Es ist für mich schwierig, dir eine allgemein gültige Regel zu nennen, nach der man solchen anspruchsvollen Rechnungen wie bei a) aus dem Weg gehen kann (wenn man die Wahl hat). In diesem Beispiel spielen zwei Dinge eine Rolle:

1. Da r an ZWEI Stellen in der Hauptbedingung auftritt, muss das Einsetzen des r-Terms von der Nebenbedingung an ZWEI Stellen erfolgen. Damit droht der entstehende Ausdruck O(h) relativ umfangreich zu werden.

2. Bei Variante a) erhalten wir bei der nach r umgestellten Nebenbedingung einen Wurzel-Term auf der rechten Seite, bei Variante b) ist es stattdessen eine 2er-Potenz. IN ALLER REGEL SIND WURZELAUSDRÜCKE SCHWIERIGER mit anderen Teilen einer Gleichung zu verrechnen ALS POTENZAUSDRÜCKE. Außerdem kann es hoch problematisch werden, wenn ein Wurzelausdruck auch noch für die positive und negative Lösung steht – dann brauchst du eigentlich noch eine Fallunterscheidung oder wieder eine Argumentation, dass du aufgrund bestimmter Bedingungen nur die positive Lösung nehmen darfst. Das ist alles ziemlich mühsam und für viele Schüler wie der Tanz auf einer dünnen Eisfläche.

Wir nehmen also Variante b und schreiben diese zum Ableiten noch etwas um:

$$O(r) = 2\pi\, r^2 + \frac{1}{r} = 2\pi\, r^2 + r^{-1}$$

7. Schritt: Die Zielfunktion minimieren

$$O'(r) = 4\pi\, r - r^{-2}$$

$$O''(r) = 4\pi + 2r^{-3}$$

Notwendige Bedingung: $O'(r) = 4\pi\, r - r^{-2} = 0 \qquad | \cdot r^2 \qquad | +1 \qquad | : 4\pi \qquad | \sqrt[3]{\ldots}$

$$r = \frac{1}{\sqrt[3]{4\pi}} \approx 0{,}430$$

Hinreichende Bedingung: $O''(0{,}43) = 4\pi + 2 \cdot 0{,}43^{-3} \approx 37{,}7 > 0$ → Minimum

8. Schritt: Die fehlenden Größen bestimmen

$$O(0{,}43) = 2\pi \cdot 0{,}43^2 + \frac{1}{0{,}43} = 3{,}487\text{dm}^2$$

$$h = \frac{1}{2\pi \cdot 0{,}43^2} = 0{,}86\text{dm}$$

Übrigens: h ist doppelt so groß wie r, dies kann man mit allerlei Wurzel- und Potenzgesetzen auch beweisen, worauf ich hier aber verzichte.

9. Schritt: Testen der Randwerte auf Verbesserung

$\lim\limits_{r \to 0} 2\pi\, r^2 + \frac{1}{r} \to \infty \qquad \lim\limits_{r \to \infty} 2\pi\, r^2 + \frac{1}{r} \to \infty$ keine Verbesserung

10. Aufgabe – Funktion

Wie lang ist die kürzeste Verbindung zwischen Punkt A(5|2) und der Funktion $f(x) = x^2 + 3$?
Auf die hinreichende Bedingung kann verzichtet werden.

Lösung zu Aufgabe 10

1. Schritt: Skizze anfertigen

Solche Aufgaben werden gerne als Zusatzfragen im Abi-Prüfungsteil Analysis gestellt, nachdem beispielsweise eine Kurvendiskussion oder eine Flächenbestimmung mit Integral-Rechnung voranging. An dieser Stelle rate ich, die Skizze möglichst genau zu erstellen. Damit hast du die Chance, deine Ergebnisse, z.B. die Länge der Strecke, am Ende nachzumessen.

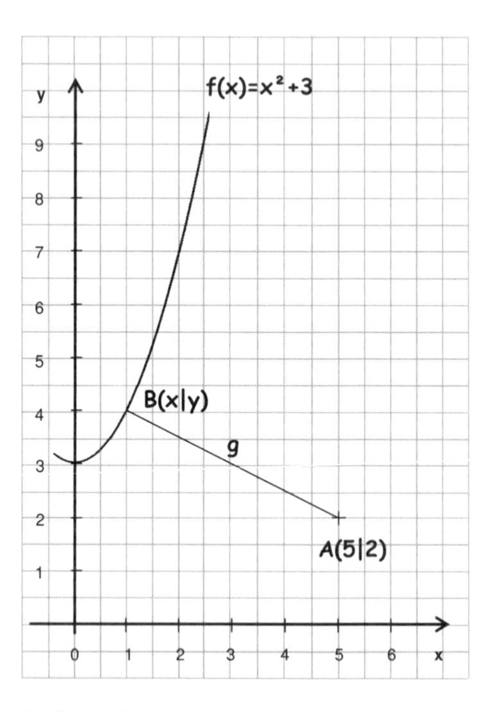

Abbildung 17: Schaubild zu Aufgabe 10

Wie so oft kann es helfen, wenn man sich auch in anderen Gebieten der Mathematik (z.B. Vektorrechnung) gut auskennt. Man könnte hier durchaus schneller an das Ziel kommen, wenn man schon den Gedanken mit einbezieht, dass g im Punkt B SENKRECHT auf f steht.

Ich zeige hier aber den ganz klassischen Lösungsweg. Wichtig ist natürlich wieder, allen beteiligten Größen einen Namen zu geben. Punkt B spielt mit Sicherheit eine große Rolle. Wir wissen von B, dass er auf dem Graphen von f liegt und dass er die Strecke g begrenzt, die zwischen ihm und Punkt A liegt. Mit diesen verbalen Aussagen meines letzten Satzes werde ich schließlich die erforderlichen Gleichungen basteln.

2. Schritt: Ein paar Beispiele überlegen und einzeichnen

Ich verzichte hier auf eine weitere Skizze. Stell dir einfach vor, der Punkt B wandert auf dem Grafen f hin und her. Man sollte sehr schnell sehen, dass alle Varianten, bei denen B wesentlich weiter rechts oder links als in Abbildung 17 angedeutet liegt, nicht zu einer Verkürzung der Strecke g führen.

3. Schritt: Die Grenzfälle überlegen

Punkt B kann, wie gesagt, prinzipiell auf der gesamten Parabel f wandern, und zwar unendlich weit in beide Richtungen. Wenn wir mit der Betrachtung der Grenzfälle den Definitionsbereich der Variablen in der Hauptbedingung festlegen wollen, sollten wir natürlich eine feste Vorstellung haben, welche Variablen in der Hauptbedingung auftreten. Das ist hier nicht offensichtlich. Daher stelle ich den Gedanken wie schon in Aufgabe 6 zunächst zurück.

4. Schritt: Die Hauptbedingung aufstellen

Laut Aufgabe soll „die Verbindung" zwischen A und f minimiert werden. Dies ist eine Gerade von Punkt A zu dem noch zu bestimmenden Punkt B, den wir, mangels anderer Größen, zunächst über die Variablen x und y definieren müssen. Daraus unmittelbar eine Hauptbedingung mit x und y zu erstellen, wird den meisten kaum gelingen – und es ist auch gar nicht nötig. Ich erweitere die Skizze mit den Größen Δx für den waagerechten Abstand zwischen A und B und Δy für den senkrechten Abstand zwischen A und B.

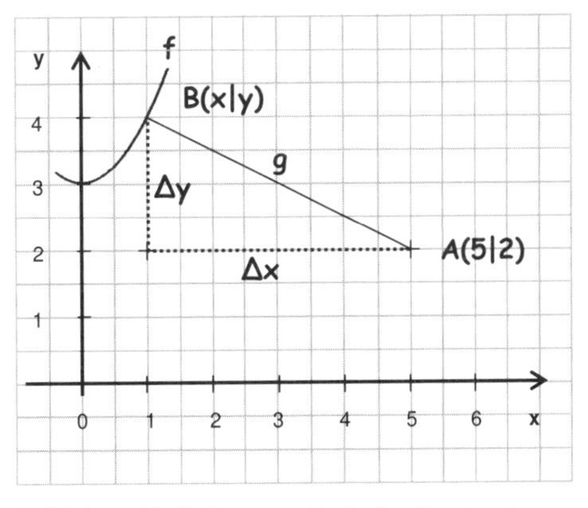

Abbildung 18: Pythagoras-Dreieck mit g, Δx, Δ y

Der griechische Buchstabe Δ („Delta") steht für „Differenz" und ist dir vielleicht aus dem Steigungsdreieck bei den linearen Funktionen bekannt. Auch in Aufgabe 2 hatten wir es mit solchen Abständen bzw. Streckendifferenzen zu tun (Dort waren es die Seiten a und b). Da der Abstand von A zu B maßgeblich von der Länge der Seiten Δx und Δy abhängt, sollte die Hauptbedingung zunächst diese beiden Variablen verwenden. Wie die Abstände Δx und Δy

letztlich mit den Koordinaten x und y zusammenhängen, kann man immer noch im Rahmen der Nebenbedingung untersuchen.

Gemäß Satz von Pythagoras $a^2 + b^2 = c^2$ gilt in unserem rechtwinkligen Dreieck:

$\Delta x^2 + \Delta y^2 = g^2 \quad | \sqrt{...}$

$\sqrt{\Delta x^2 + \Delta y^2} = g$ bzw. als Funktion geschrieben:

→ Hauptbedingung: $g(\Delta x, \Delta y) = \sqrt{\Delta x^2 + \Delta y^2}$ Minimieren!

Damit komme ich zum Definitionsbereich der beteiligten Variablen Δx und Δy:
Δy kann niemals kleiner als 1 sein, die niedrigste Position von B ist der Scheitelpunkt der Parabel. Δx kann hingegen alle Werte annehmen, sogar negative (!), wenn B sich weiter rechts befindet als A.

$-\infty < \Delta x < \infty \qquad 1 < \Delta y < \infty$

4. Schritt: Die Nebenbedingung aufstellen

Jetzt muss es gelingen, die Verbindung zwischen Δx, Δy und x und y herzustellen. Allgemein gilt im Steigungsdreieck:

$\Delta x = x_2 - x_1$ (waagerechte Streckendifferenz zwischen zwei Punkten) und

$\Delta y = y_2 - y_1$ (senkrechte Streckendifferenz zwischen zwei Punkten)

Mit dem von mir eingeführten Bezeichnungssystem heißen die Koordinaten der zwei Punkte nicht $(x_2 \mid y_2)$ und $(x_1 \mid y_1)$, sondern $(5 \mid 2)$ und $(x \mid y)$. Dann gilt für die Streckendifferenzen:

(I.) $\Delta x = 5 - x$

(II.) $\Delta y = y - 2$

Schließlich können wir mithilfe der Funktion f die Verbindung von x zu y herstellen.

(III.) $y = x^2 + 3$

Es ist empfehlenswert, alle Variablen mit x auszudrücken, damit schließlich in der Zielfunktion nur x als Variable übrig bleibt. (III.) in (II.) einsetzen:

(IIa.) $\Delta y = (x^2 + 3) - 2 = x^2 + 1$

Die Nebenbedingungen (I.) und (IIa.) können jetzt in die Hauptbedingung eingesetzt werden.

6. Schritt: Nebenbedingung in Hauptbedingung einsetzen → die Zielfunktion

$$g(\Delta x, \Delta y) = \sqrt{\Delta x^2 + \Delta y^2} = \sqrt{(5-x)^2 + \left(x^2+1\right)^2} = \sqrt{25 - 10x + x^2 + \left(x^4 + 2x^2 + 1\right)}$$

$$g(x) = \sqrt{x^4 + 3x^2 - 10x + 26}$$

Natürlich hätte man statt einer Argumentation mit x auch die alternativen Zielfunktionen $g(\Delta x)$ oder $g(\Delta y)$ erstellen können. Solange man beide Variablen so ersetzt, dass man schließlich nur noch mit einer argumentiert, ist die Welt mathematisch in Ordnung.

7. Schritt: Die Zielfunktion minimieren

Hier ist wiederum die Kettenregel zum Ableiten erforderlich.

$$g(x) = \sqrt{x^4 + 3x^2 - 10x + 26}$$

$$g'(x) = \left(4x^3 + 6x - 10\right) \cdot \frac{1}{2\sqrt{x^4 + 3x^2 - 10x + 26}}$$

innere Ableitung • äußere Ableitung

Notwendige Bedingung:

$$g'(x) = \left(4x^3 + 6x - 10\right) \cdot \frac{1}{2\sqrt{x^4 + 3x^2 - 10x + 26}} = 0 \qquad | \cdot 2\sqrt{x^4 + 3x^2 - 10x + 26}$$

$$4x^3 + 6x - 10 = 0$$

Hier solltest du erkennen, dass es sich um die Nullstellenbestimmung eines Polynoms 3. Grades handelt. Mit anderen Worten: Die erste Lösung muss geraten werden[15].

$x_1 = 1$

[15] Wie du siehst, verlangen die Extremwertaufgaben unter Umständen sehr viel Wissen aus anderen Kapiteln der Abiturmathematik. Viele der großen und kleinen Tricks im Umgang mit Termen und Gleichungen findest du im „Mathe-Dschungelführer Analysis 1: Terme & Gleichungen".

→ Polynomdivision mit dem Linearfaktor $(x-1)$

$$\left(4x^3+6x-10\right):(x-1)=4x^2+4x+10$$

Bestimmung der möglichen Nullstellen x_2 und x_3 mit pq-Formel:

$4x^2+4x+10=0 \qquad |:4$

$$x_{2,3}=-\frac{1}{2}\pm\sqrt{\left(\frac{1}{2}\right)^2-\frac{10}{4}}=-\frac{1}{2}\pm\sqrt{\frac{1}{4}-\frac{10}{4}}=-\frac{1}{2}\pm\sqrt{-\frac{9}{4}}$$

→ keine weiteren reellen Nullstellen (undefinierte Quadratwurzel)

Wir halten also fest: Die notwendige Bedingung ist nur bei x=1 erfüllt. Da wir auf die hinreichende Bedingung verzichten, haben wir damit den x-Wert, bei dem die Strecke g minimal wird.

Wenn nach derart umfangreichen Rechnungen ein Ergebnis auf dem Papier steht, habe ich mir angewöhnt, kurz zu prüfen, ob dieses Ergebnis denn mit der Zeichnung im Einklang steht. Der Wert x=1 passt wunderbar zu Abbildung 17, es spricht also viel dafür, dass er stimmt.

8. Schritt: Die fehlenden Größen bestimmen

Gemäß Aufgabenstellung ist nur gefragt, wie lang die Strecke g sein soll. Es gibt aber leider immer wieder Lehrer, die Punkte abziehen, wenn hier nicht auch alle Größen aus den Nebenbedingungen noch bestimmt werden. Also nimm diesen kleinen Mehraufwand lieber auf dich und berechne standardmäßig auch diese. Es geht relativ schnell.

$$g(1)=\sqrt{1^4+3\cdot1^2-10\cdot1+26}=\sqrt{20}\approx4{,}472$$

$y=1^2+3=4$ → der Referenzpunkt liegt bei B(1|4)

$$\Delta x=5-1=4$$

$$\Delta y=4-2=2$$

9. Schritt: Testen der Randwerte auf Verbesserung

$$\lim_{x\to\infty}\sqrt{x^4+3x^2-10x+26}\to\infty$$

$$\lim_{x\to-\infty}\sqrt{x^4+3x^2-10x+26}\to\infty$$ → keine Verbesserung

11. Aufgabe – Fläche zwischen zwei Funktionen

Gegeben sind die beiden Funktionsscharen $f_a(x) = \frac{1}{2}ax^2 + 3$ und $g_a(x) = -\frac{1}{a}x^2 + 1$ mit a>0.

Bestimme den Parameter a so, dass die Fläche, die von den beiden Funktionen, der y-Achse und der Geraden an der Stelle 1 begrenzt wird, minimalen Inhalt erhält.

Lösung zu Aufgabe 11

1. Schritt: Skizze anfertigen

Dies ist ebenfalls eine typische Abituraufgabe, weil sie neben dem Wissen zu den Extremwertaufgaben auch noch quasi ganz nebenbei den Umgang mit Funktionsscharen und die Integralrechnung mit abprüft. Und natürlich solltest du mit dem mathematischen Vokabular[16] sicher sein, das in der Analysis verwendet wird. Wenn von „Stellen" die Rede ist, sind damit ausdrücklich immer x-Werte gemeint.

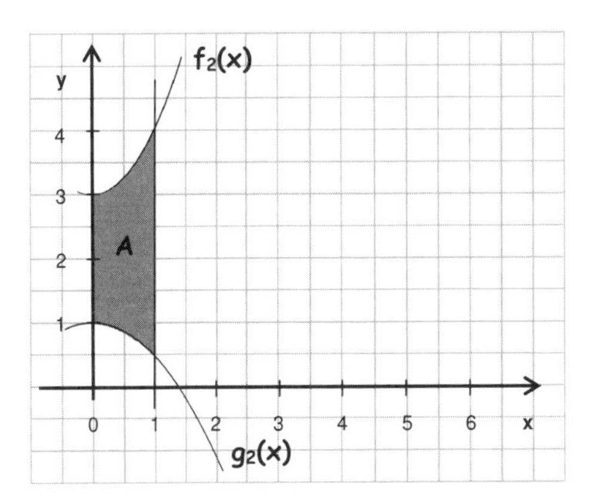

Dargestellt sind die beiden Funktionen für a=2. Wird a größer, dann wird f „dünner" (in y-Richtung gestreckt) und g „dicker" (in y-Richtung gestaucht), d.h. die Fläche a gewinnt an ihrem oberen Teil hinzu, aber verliert an ihrem unteren Teil. Wird a kleiner, ist es umgekehrt.

Abbildung 19: Schaubild f und g für a=2

Natürlich hilft es bei dieser Aufgabe sehr, wenn man sich gut mit Parabeln auskennt und weiß, was ein solcher Faktor vor dem quadratischen Glied x^2 bewirkt, nämlich die Streckung bzw. Stauchung der gesamten Funktion in y-Richtung. Ich denke aber, dass man die Aufgabe auch lösen kann, wenn dieses Wissen etwas verblasst ist. Dann macht man entweder schnell zwei

[16] Auf meiner Webseite gibt es unter www.download.der-abi-coach.de eine Liste mit Mathe-Fachbegriffen als pdf-Datei, die ich kostenlos zur Verfügung stelle.

Wertetabellen für irgendein a, oder man überspringt Schritt 1 und 2 ganz und verlässt sich allein auf seine rechnerischen Fähigkeiten. Wie man mit Integralen die Flächen zwischen zwei Funktionen bestimmt, ist wiederum ein eigenes Kapitel der Mathematik und sollte dir zumindest als Besucher der späten 12. oder 13. Klasse grundsätzlich schon bekannt sein.

2. Schritt: Ein paar Beispiele überlegen und einzeichnen

Wer es genau haben möchte, hat hier eigentlich nur die Wahl, für verschiedene Werte von a Wertetabellen von f und g anzufertigen und daraus die Schaubilder zu erstellen. In einer Prüfungssituation kostet das mit Sicherheit viel zu viel Zeit. Wie du bei den anderen Aufgaben in diesem Buch wohl schon gemerkt hast, muss man immer abwägen, wie weit man mit der Zeichnung und den Beispielen gehen möchte, um einerseits die Systematik und den Zusammenhang einer Aufgabe zu verstehen, aber andererseits nicht zu viel Zeit zu verschwenden. Diese Entscheidung musst du immer nach eigenem Ermessen treffen.

Wie gesagt, oft reichen einfache Skizzen anstelle vollständig beschrifteter Koordinatensysteme. Und sobald du das Zusammenspiel der beteiligten Größen erkannt hast, gehst du natürlich zum nächsten Lösungsschritt über.

3. Schritt: Die Grenzfälle überlegen

Dies geht wiederum nur, wenn man über die Parabeln Bescheid weiß. Geht $a \to 0$, dann wird f annähernd eine Waagerechte bei $y=3$ sein und g eine extrem schmale Parabel, die rechts und links vom Punkt $(0|1)$ sehr steil in den negativen y-Bereich abtaucht. Geht $a \to \infty$, dann ist f sehr schmal und g annähernd eine Waagerechte bei $y=1$.

Der Definitionsbereich war hier gegeben mit $0 < a < \infty$

4. Schritt: Die Hauptbedingung aufstellen

Flächen zwischen zwei Funktionen werden mit der Integralrechnung bestimmt, ganz gleich, ob man dies als Hauptbedingung bezeichnet oder ganz normal im Rahmen der Analysis behandelt. Hier ist die Besonderheit, dass wir eine Unbekannte, nämlich den Parameter a, in der „berechneten“ Fläche zurück behalten. Mathematisch kann man sagen, die eingeschlossene Fläche A ist eine Funktion, die vom Parameter a abhängig ist.

$$A(a) = \int_0^1 f_a(x) - g_a(x)\ dx$$

Berechnet wird also die Fläche, die zwischen den Grenzen x=0 und x=1 liegt und zwischen den Funktionen $f_a(x)$ und $g_a(x)$ liegt. Da f oberhalb von g liegt, kann ohne die ansonsten üblichen Betragstriche gerechnet werden.

$$= \int_0^1 \frac{1}{2}ax^2 + 3 - \left(-\frac{1}{a}x^2 + 1\right) dx$$

Die Klammern und das dx nicht vergessen!

$$= \int_0^1 \frac{1}{2}ax^2 + 3 + \frac{1}{a}x^2 - 1\ dx = \int_0^1 \left(\frac{1}{2}a + \frac{1}{a}\right) \cdot x^2 + 2\ dx = \left[\left(\frac{1}{2}a + \frac{1}{a}\right) \cdot \frac{1}{3}x^3 + 2x\right]_0^1$$

$$= \left(\frac{1}{2}a + \frac{1}{a}\right) \cdot \frac{1}{3}1^3 + 2 - 0 \quad \rightarrow \quad A(a) = \frac{1}{6}a + \frac{1}{3a} + 2 \quad \text{Minimieren!}$$

<u>5. Schritt und 6. Schritt: Nebenbedingung aufstellen und einsetzen → Zielfunktion</u>

Entfällt hier, denn die Hauptbedingung hat ja nur eine Variable a. Damit ist sie differenzierbar (ableitbar). Die Hauptbedingung ist also auch gleich die Zielfunktion. Zum besseren Ableiten schreibe ich:

$$A(a) = \frac{1}{6}a + \frac{1}{3}a^{-1} + 2$$

<u>7. Schritt: Die Zielfunktion maximieren oder minimieren</u>

$$A'(a) = \frac{1}{6} - \frac{1}{3}a^{-2}$$

$$A''(a) = \frac{2}{3}a^{-3}$$

Notwendige Bedingung: $A'(a) = \frac{1}{6} - \frac{1}{3}a^{-2} = 0 \quad | \cdot 3a^2 \quad | +1 \quad | \cdot 2 \quad | \sqrt{\ldots}$

$$a = \pm\sqrt{2} \approx 1{,}41$$

Die negative Lösung entfällt wegen a>0

Hinreichende Bedingung: $A''(\sqrt{2}) = \frac{2}{3}(\sqrt{2})^{-3} \approx 0{,}236 > 0$ → Minimum

8. Schritt: Die fehlenden Größen bestimmen

$$A(\sqrt{2}) = \frac{1}{6} \cdot \sqrt{2} + \frac{1}{3} \cdot \left(\sqrt{2}\right)^{-1} + 2 = 2{,}471 \text{ FE}$$

FE steht für Flächeneinheiten und wird häufig angegeben, wenn es sich um eine Fläche handelt, die man nicht in cm² oder Ähnlichem angeben kann[17]. Weitere Größen sind bei dieser Aufgabe nicht zu bestimmen.

9. Schritt: Testen der Randwerte auf Verbesserung

$$\lim_{a \to 0} \frac{1}{6}a + \frac{1}{3a} + 2 \to \infty$$

$$\lim_{x \to -\infty} \frac{1}{6}a + \frac{1}{3a} + 2 \to \infty$$ keine Verbesserung!

[17] Streng genommen müsste man dann hinter jeden x- und y-Wert auch LE für Längeneinheiten schreiben, was man aber wegen der Übersichtlichkeit nicht tut.

4. Glossar

1. Ableitung	Die 1. Ableitung einer Funktion f(x) heißt f'(x). Sie gibt die Steigung der Funktion f an der Stelle x, also im Punkt (x|f(x)) für jeden beliebigen x-Wert an. Da die Funktion bei Hoch- und Tiefpunkten waagerecht verläuft, also mit Steigung Null, ist die Ableitung ein nützliches Instrument zur Bestimmung dieser Punkte.
Ableiten, Differenzieren	Durch Anwenden bestimmter Rechenregeln die Ableitung einer Funktion bilden. Da die 1. Ableitung selbst auch wieder eine Funktion ist, kann diese auch wieder abgleitet werden.
Extremum (Plural: Extrema)	Der lokale Hochpunkt oder Tiefpunkt einer Funktion, auch genannt: das LOKALE Minimum oder MAXIMUM. Dies muss nicht immer der insgesamt höchste bzw. tiefste Punkt einer Funktion sein (das sogenannte GLOBALE Maximum oder Minimum), denn viele Funktionen haben an den Grenzen ihres Definitionsbereiches die kleinsten bzw. größten y-Werte.
Hinreichende Bedingung	Ist sie (zusammen mit der notwendigen Bedingung) erfüllt, ist die Beweisführung erbracht. In der Analysis sollte z.B. die 2. Ableitung ungleich Null sein als Beweis, dass zu diesem x-Wert ein Extremum gehört.
Integrieren	Das Gegenteil von Differenzieren, mancherorts auch als „Aufleiten" bezeichnet. Man sucht eine Funktion F(x), deren Ableitung f(x) ist. Integral-Funktionen (auch: Stammfunktionen) werden benutzt, um Flächen zu bestimmen.
Kettenregel	Manche sogenannte verkettete Funktionen müssen in ihre einzelnen Bestandteile („innere" und „äußere" Funktion) zerlegt werden, um sie ableiten zu können. Ist $f(x) = g(h(x))$, dann heißt h(x) innere Funktion und g(h) äußere Funktion. Dann ist die 1. Ableitung: $f'(x) = h'(x) \cdot g'(h(x))$ Beispiel: $f(x) = (x^3 - 4)^2$ Zerlegung: $h(x) = x^3 - 4$ $h'(x) = 3x^2$ $g(h) = h^2$ $g'(h) = 2h$ → $f'(x) = 3x^2 \cdot 2(x^3 - 4)$
Maximum	Ein Hochpunkt („Berg") der Funktion
Minimum	Ein Tiefpunkt („Tal") der Funktion
Notwendige Bedingung	Ist sie (zusammen mit der hinreichenden Bedingung) erfüllt, ist die Beweisführung erbracht. Ist sie nicht erfüllt, ist der Gegenbeweis erbracht. In der Analysis muss die 1. Ableitung einer Funktion gleich Null sein, wenn der x-Wert zu einem Extremum gehört.
pq-Formel	Formel zum Lösen von Gleichungen in quadratischer Normalform $x^2 + px + q = 0$ → $x_{1,2} = -\frac{p}{2} \pm \sqrt{\left(\frac{p}{2}\right)^2 - q}$
Produktregel	Regel zum Ableiten von Funktionen, die miteinander multipliziert werden. Ist $f(x) = u(x) \cdot v(x)$, dann ist $f'(x) = u'(x) \cdot v(x) + u(x) \cdot v'(x)$. Beispiel: $f(x) = 3x \cdot e^x$ → $f'(x) = 3 \cdot e^x + 3x \cdot e^x$

Der Mathe-Dschungelführer – Der Nachhilfekurs zum Selbststudium

Mathematik für die Oberstufe, verständlich erklärt. Zu Themen wie Stochastik, Analysis und Lineare Algebra/Analytische Geometrie. Das gesamte Verlagsprogramm, immer aktuell, findest du auf → www.mathe-dschungelfuehrer.de

Hat dir dieses Buch geholfen?
Dann erzähl es bitte auch deinen Klassenkameraden, Freunden und Lehrern! Wenn du dieses Buch in einem Internet-Shop mit Bewertungsfunktion gekauft hast, dann schreibe dort bitte eine kurze Buchbewertung.

Du leistest damit einen wichtigen Beitrag, dass noch weitere Ausgaben vom Mathe-Dschungelführer entstehen. Denn es gibt noch viele Themen im Mathe-Dschungel, die geklärt werden müssen. Vielen Dank für dein Vertrauen in den Mathe-Dschungelführer!